Kätzisch für Nichtkatzen

Martina Braun

Kätzisch
für Nichtkatzen

So verstehen Sie Ihre Samtpfote

Weltbild

Genehmigte Lizenzausgabe für Verlagsgruppe Weltbild GmbH,
Steinerne Furt, 86167 Augsburg
Copyright der Originalausgabe © 2007/2008/2009 Cadmos Verlag GmbH, Brunsbek
Umschlaggestaltung: Atelier Seidel, Verlagsgrafik, Teising
Umschlagmotiv: Ulrike Schanz
Bildnachweis: Fotonatur.de, Urs Preisig, Ulrike Schanz
Gesamtherstellung: Firmengruppe APPL, aprinta druck, Wemding
Printed in the EU
978-3-8289-3087-2

2012 2011 2010
Die letzte Jahreszahl gibt die aktuelle Lizenzausgabe an.

Einkaufen im Internet:
www.weltbild.de

6

Inhalt

Vorwort

Martina Braun hat mit „Kätzisch für Nichtkatzen" einen informativen und zugleich unterhaltsamen Beitrag zum Verständnis von Katzen und zwischen Katzen und Menschen geschaffen. Um eine harmonische Beziehung aufzubauen und aufrechtzuerhalten – sei es zwischen zwei Arten oder innerhalb einer Art –, muss jeder potenzielle Katzenhalter das Verhalten und Wesen dieser Raubtiere, die größtenteils „freiwillig" ihr Leben mit uns teilen, verstehen. Das gehört zum verantwortungsvollen, treuhänderischen Umgang mit diesen Heimtieren. Ebenso liegt es im Verantwortungsbereich der Ethologen und Tierpsychologen, die Verbreitung von wissenschaftlich fundierten, neuen Erkenntnissen unter den Katzenhalterinnen und Katzenhaltern voranzutreiben – dies auf verständliche Art. Auch das ist Martina Braun mit diesem Werk gelungen.

PD Dr. sc. Dennis C. Turner
Direktor des Instituts für angewandte Ethologie und Tierpsychologie, I. E. T., Hirzel/Schweiz

(Sala-Fotos: Preisig)

Guten Tag, ich heiße Sala!

Einleitung

Darf ich mich vorstellen? Ich bin Sala, der „rote Faden", der Sie – auf mehr oder weniger leisen Pfoten – durch dieses Buch begleiten wird. Sicher wird meine menschliche Koautorin ihr Bestes geben, Ihnen „kätzisches Verhalten und unsere Besonderheiten" näherzubringen. Na ja, aber sie ist halt auch nur eine Nicht-Katze! Und so ist es dringend erforderlich, dass ich als ein wahrer Kater das Ganze überwache und auf die korrekte Übersetzung achte. Zu viele Missverständnisse haben sich in der Geschichte meiner Art bereits zugetragen!

Vor langer Zeit (circa 2600 v. Chr.) wurden wir Katzen im alten Ägypten über eine Zeitspanne von über 1300 Jahren von den Menschen als göttliche Wesen angesehen. Es war aus kätzischer Sicht eine reine Symbiose, von der beide Seiten profitierten. Es war keineswegs ein Verzicht auf unsere Freiheit und Unabhängigkeit! Wir Katzen hielten die großen Getreidelager frei von schädlichen Nagetieren. Die Menschen hatten ihr Getreide, wir Katzen dicke Bäuche von den vielen Mäusen und Ratten. Bastet, die Katzengöttin, galt als Göttin der Fruchtbarkeit, der Freude, des

Tanzes, der Musik und der Feste und als die Beschützerin der Schwangeren. Und so wurden auch wir Katzen verehrt und vergöttert. Doch dieses Privileg hatte einen sehr hohen Preis! Die Priester der Bastet züchteten und verkauften uns an alle Schichten der Bevölkerung. Und um dann als Opfergabe zu dienen, drehte man den kleinen Brüdern meiner Art den Hals um. Größeren und kräftigeren Exemplaren wurde der Schädel eingeschlagen. Anschließend wurden unsere Leiber mumifiziert und Bastet als Opfer dargereicht. Im Tal der Könige fand man lange Zeit später Tausende meiner Artgenossen als Mumien. Musste das sein? Natürlich sind wir göttliche Wesen! Wer wollte das anzweifeln?! Aber musste man uns deshalb gleich töten und einbalsamieren?

Dadurch, dass einige Menschen, die sich „Händler" nannten, mobil wurden und die Welt erkundeten, verbreiteten auch wir Katzen uns auf der ganzen Welt, bis nach Europa. Meine Vorfahren waren begeistert! Doch die menschliche Dummheit holte uns ein. Als sich zwischen dem 11. und 14. Jahrhundert das Christentum als Religion etablierte, sollten wir auf unheilvolle Art und Weise mit drinhängen. Da gab es Menschen, die Katharer (lat. Cathari = rein) oder auch „Ketzer" genannt wurden. Sie wurden beschuldigt, Meinungen zu vertreten, die grundsätzlich den herrschenden Meinungen und Konventionen widersprachen und „Irr- und Unglaube" verbreiteten. So jedenfalls argumentierte die katholische Kir-

che. Im weiteren Sprachgebrauch wurde das Wort „Ketzer" in „Kätzer" abgewandelt. Die Verbindung zum lateinischen Cattus = die Katze war hergestellt. Und so waren wir dran!

Angeblich sollten die verpönten Katharer uns Katzen als Tier des Satans auf das Hinterteil küssen. (Alanus Insulis, ein Ordensmönch der römisch-katholischen Kirche, formulierte im 12. Jahrhundert: „Quia osculantur posteriora cati, in cujus specie ut dicunt apperet eis Lucifer.") Berthold von Regensburg, ein um das Jahr 1200 lebender Franziskaner und Prediger, umschrieb das Wesen der Ketzer als „katzenhaft falsch" („von so heizet der ketzer ein ketzer, daz er deheinem kunder so wol glichet mit siner weise sam der katzen"). Uns wurden Verbindungen zu Satan, zur Magie und zur Hexerei nachgesagt. Meine Vorfahren wurden verabscheut und bis zur Mitte des 18. Jahrhunderts zu Tausenden verbrannt! Ich weiß wirklich nicht, wer da vom Teufel besessen war. Die Katze oder nicht doch vielmehr der Mensch?!

Heute sind wir Katzen zum Glück ein beliebtes Haustier, aber noch immer beschwören wir bei den Menschen überwältigende Gefühle von Liebe und Hass gleichermaßen herauf. Noch immer deuten so viele Menschen uns und unser Verhalten falsch.

Damit wir uns in Zukunft noch besser verstehen, möchte dieses Buch ein wenig „kätzische Sprache" vermitteln. Ich bringe euch Nichtkatzen das schon bei! Viel Spaß beim Lesen!

(Foto: Schanz)

Die Lautgebung

Wenn man über Kommunikation zwischen Lebewesen nachdenkt, fällt uns aus menschlicher Sicht oft als Erstes die Verständigung in Form von Lauten ein. Der Begriff „Kommunikation" (lat. communicare: teilen, mitteilen, teilnehmen lassen, gemeinsam machen, vereinigen) bezeichnet jedoch ganz umfassend den wechselseitigen Austausch von Gedanken und Gefühlen – nicht nur mittels Lautgebung (akustisch), sondern auch durch Körpersprache, Gestik und Mimik (visuell) und auch durch das Hinterlassen von chemischen Duftstoffen (olfaktorisch).

Kommunizieren Individuen miteinander, so handeln sie also „aufeinander bezogen": Wie der eine reagieren wird, hängt von der Handlung des anderen ab, und umgekehrt. Dies verdeutlicht, wie wichtig Kommunikation ist, um Gemeinsamkeiten zu bestätigen und ernsthafte Auseinandersetzungen zu vermeiden. Die Mittel, die der Katze hierzu zur Verfügung stehen, sind reichhaltig! Denn jedes Missverständnis könnte bei ihr, als wehrhafte Jägerin, zu Verletzungen führen – nicht nur des anderen, sondern auch ihrer selbst. Es sind gerade diese Facettenfülle und die Feinheit aller Nuancen, die uns Menschen manchmal Mühe bereiten, die Kommunikationsmittel der Katze richtig zu interpretieren. Fangen wir also mit dem Gebiet an, auf dem wir Menschen uns am besten verstehen: den Lauten.

In der Vergangenheit gab es zahlreiche Bemühungen, die einzelnen Laute der Katze zu „zählen" und zu klassifizieren. So unterscheidet man heute sechs grundlegende Lautäußerungen: Schnurren, Miauen, Fauchen, Zischen, Schreien und Knurren. Andere wissenschaftliche Forschungen kamen zu dem Schluss, dass Hauskatzen über 16 verschiedene Laute verfügen, und ordneten diese in drei Gruppen, nämlich:

• Murmellaute (Laute mit geschlossenem Maul),
• Vokallaute (zwecks Kommunikation mit der menschlichen Bezugsperson, hervorgebracht durch allmähliches Schließen des Mauls) und
• hochintensive Laute (Laute mit offenem Maul, wobei die Maulöffnung verändert wird; vorrangig der Kommunikation mit Artgenossen dienlich).

Es ist nicht immer einfach, die Laute voneinander abzugrenzen. Wird eine Katze bedrängt (sei es von einem Menschen oder von einer anderen, aufdringlichen Katze), so beginnt sie vielleicht, mit einem „genervten" Miauen ihren Unmut zu zeigen. Reicht das nicht, wird daraus ein Fauchen oder Knurren, und wenn sie dann noch immer nicht in Ruhe gelassen wird, steigert sich das Ganze in ein Grollen. Sowohl die Art als auch die Intensität der Laute variieren

den Umständen entsprechend, und die Übergänge von einem Laut zum anderen sind fließend. Somit ist jede Auflistung, auch die hier nachfolgende, nur ein grober Abriss dessen, wozu eine Katze an akustischen Mitteilungssignalen fähig ist.

Fiepen

Die ersten Laute im Leben eines Kätzchens sind ein Fiepen, das als Auslöser dient, um bei der Mutter die Bereitschaft zur Zuwendung und Pflege in Gang zu setzen. Der Felidenforscher Paul Leyhausen hat belegt, dass die mütterliche Handlung des „ins Nest Zurücktragens" einzig und allein durch das Fiepen der Welpen ausgelöst werden kann. Ist ein Welpe also aus dem Nest gefallen und krabbelt herum, fiept aber nicht, so unternimmt die Mutter auch nichts. Erst wenn der Welpe sein „Miiieeh" ertönen lässt, trägt die Mutter ihn zurück. Warum ist das so? Nun, die Aufzucht ist eine anstrengende Angelegenheit, für Mutter und Welpen gleichermaßen. Es sind unverwechselbare Marker, sogenannte „Auslöser" notwendig, damit beiderseits keine unnötigen Energien verschwendet werden. Das Fiepen fordert die kleinen Lungen sehr. Dies gewährleistet, dass ein Welpe wirklich nur dann fiept, wenn es unabdingbar ist. Und genauso rational ist das Verhalten der Mutter darauf abgestimmt: Sie trägt ihn erst ins Nest zurück, wenn er „um Hilfe schreit".

Diese ersten, sehr frühen Laute gehören, wie auch das Schnurren, zu der Gruppe der sogenannten „Stimmfühlungslaute" und dienen in erster

Linie dem Aufbau und der Festigung einer sozialen Bindung. Man könnte auch sagen, die Tiere gehen in dem Moment in „Lautfühlung", wenn die lebensnotwendige „Tuchfühlung" zwischen Mutter und Kind nicht vorhanden ist oder aber betont werden soll.

Schnurren

Nahezu unmittelbar nach der Geburt kann man, wenn auch sehr, sehr leise, das erste Schnurren der Welpen wahrnehmen, während sie bei ihrer Mutter trinken. Das Katzenkind kann gleichzeitig schlucken, saugen und schnurren. Mit diesem Stimmfühlungslaut übermittelt es seiner auf der Seite liegenden Mutter sein Wohlbefinden. So weiß diese, ohne aufstehen und damit die Fütterung womöglich unterbrechen zu müssen, dass es dem Kleinen gut geht. Schnurren wird „beantwortet". Die Mutter schnurrt ebenfalls, während die Jungen bei ihr trinken. Damit beruhigt sie ebenso ihre Kinder wie auch sich selbst.

Alle Katzenartigen (Feliden) können schnurren, nicht nur Hauskatzen. Allerdings schnurren wild lebende, erwachsene Katzenarten fast ausschließlich, wenn sie Junge haben. Mit der „Haustierwerdung" ging grundsätzlich eine „Verjugendlichung" einher. So ist es eine Folge der Domestizierung, dass unsere Hauskatzen das Schnurren im Zusammenleben mit uns Menschen beibehalten und auch als erwachsene Tiere damit ihr Wohlbefinden signalisieren.

Beim Schnurren handelt es sich übrigens um ein vibrierendes Geräusch in einer Niederfrequenz

Damit die Mutter den Katzenwelpen zurück ins Nest trägt, muss der Kleine durch Fiepen auf sich aufmerksam machen. (Foto: Fotonatur.de/Askani)

zwischen 27 und 44 Hertz. Katzen schnurren auch, wenn sie Schmerzen haben, sehr krank sind oder im Sterben liegen. Daher geht man davon aus, dass sie sich damit selbst beruhigen können. Und auch „halbwüchsige" Katzen, die mit erwachsenen Artgenossen spielen, schnurren manchmal, um gegenüber dem überlegenen Spielpartner die Friedfertigkeit des Spiels zu betonen und sich selbst zu beruhigen. Lediglich extrem verängstigte oder äußerst aggressiv gestimmte Tiere schnurren nicht.

Es hat übrigens einen triftigen Grund, dass Katzenwelpen zwar behaart, aber blind und taub geboren werden. Würden sie zu diesem Zeitpunkt bereits mit Augen und Ohren all die vielen Reize aus ihrer Umwelt wahrnehmen, wären sie verängstigt, vielleicht neugierig, aber sicher vom Wesentlichen abgelenkt: dem Säugen. Ihr Leben würde dann nur wenige Stunden währen.

Bei einem gesunden Katzenwelpen funktioniert bei der Geburt der Tast- und Geruchssinn. Damit ein Welpe sich „auf der Suche" nach der Mutter, ihrem Schutz, ihrer Wärme und Milch nicht zu weit vom Nest entfernt und dabei keine lebensnotwendige Energie „verschleudert", kriecht er in kleinen Kreisen auf dem Bauch umher, meistens mit einem Hang nach links. Dass er bei der Mutter angelangt ist, erkennt er taktil an ihrer Wärme und olfaktorisch am Milchgeruch. Mit feinen Pendelbewegungen des Kopfes (Tastsinn) sucht der Welpe die Hautoberfläche am Bauch der Mutter nach den hervorstehenden Zitzen ab, nimmt diese auf und saugt. Dabei beginnen die Vorderpfötchen rechts und links der Zitze in pulsierendem Rhythmus zu stampfen und zu massieren. Mit dem sogenannten Milchtritt wird der Milchfluss angeregt. Diese kindliche Triebhandlung wird im Zusammenleben zwischen Mensch und Katze später beibehalten, indem eine Katze, die auf eine weiche Unterlage springt oder auf unseren Schoß zum Schmusen kommt, zuerst mit den Vorderpfoten „herumstempelt", bevor sie sich zufrieden niederlässt.

Manche Katzen sind, so wie ich selbst auch, leider nicht von Anfang an in engem Kontakt mit Menschen aufgewachsen und finden erst später ein richtiges Zuhause. Obwohl wir Menschen lieben und all die seltsamen Dinge, die sie tun, interessant und spannend finden, sind wir dennoch manchmal unsicher im Umgang mit den Zweibeinern. Ich selbst habe in solchen Situationen ein Erfolgsrezept: *Ich schnurre einfach*! Beim Spielen, wenn ich hochgehoben werde, beim Tierarzt und so weiter – es wirkt einfach toll! Ich beruhige mich damit selbst, bekomme nicht so viel Angst, und die Menschen sind entzückt, sanft und lieb mit mir.

Auch wenn also manchmal die Krallen ein wenig piken: Es ist eine Vertrauensbekundung der Katze, und es wäre falsch, das Tier deshalb wegzujagen oder zu strafen.

Gurren und Plaudern

Alle Gurrlaute dienen der freundlichen Begrü-
ßung von einander vertrauten Individuen, sei
es von Katze zu Katze oder auch von Katze zu
Mensch. Wird dieses Gurren von leisem Miauen
untermalt, spricht man auch von „Plaudern".

Die Mutterkatze beginnt schon rund zehn Tage
nach der Geburt zu gurren, wenn sie zum Nest
zurückkehrt, und man kann daher davon ausgehen,

Das Gurren ist ein freundlicher Laut, mit dem die Katze auch ihren vertrauten Menschen begrüßt.
(Foto: Schanz)

dass auch dieser Laut der sozialen Stimmfühlung zugeordnet werden kann. Die Mutter bleibt am Rand des Nestes sitzen und gurrt mit anhaltender Beharrlichkeit, bis die Jungen aufwachen und ihr Fiepsen von sich geben. Nach ein paar Tagen erwartet die Mutter dann sogar hartnäckig gurrend, dass die Welpen ihr entgegenkrabbeln.

Zwischen erwachsenen, einander sehr eng vertrauten Katzen kann man manchmal „Plaudereien" belauschen, bei denen Variationen des Gurrens zu hören sind, die bei keinem anderen Artgenossen in dieser Form angewandt werden. Wir sprechen dann von sogenannten „dyadischen Dialekten" („Dyade" ist vom griechischen „dyas" abgeleitet und bedeutet „Zweiheit").

Und Sie, als vertrauter Mensch und allseits beliebter Dosenöffner, werden von Ihrer Mieze ebenfalls mit einem freundlichen Gurren begrüßt!

Mäuse- und Rattenruf

Eine abgewandelte, etwas kehligere Ausführung des Gurrens ist der Mäuseruf, den die Mutterkatze von sich gibt, wenn sie ihren Jungen im Alter von vier bis sechs Wochen die ersten Mäuse zuträgt. Mit diesem lockenden Gurren signalisiert sie den Jungen, dass sie etwas Spannendes mitgebracht hat und sie näher kommen sollen, um zu schauen, was es ist.

Meine eigene „Großwildjägerin" Anima teilt auch mir mit diesem Ruf regelmäßig und schon von Weitem mit, dass sie Erfolg hatte und eine Maus mit nach Hause bringt. Für geübte Halter von Freilaufkatzen ist dies das Signal, auf schnellstem Wege die Schlafzimmer- und Stubentüren zu verschließen! Denn ob die Maus schon erlegt ist oder noch quicklebendig durch die Wohnung düsen wird – dies verrät dieser Ruf leider nicht!

Paul Leyhausen haben wir eine weitere, unglaubliche Beobachtung zu verdanken, die den Nachweis erbrachte, dass Katzen tatsächlich über einen begrifflichen Sprachgebrauch verfügen. Diese Fähigkeit hatte man bis dahin ausschließlich Primaten und natürlich dem Menschen zugesprochen. Er beobachtete, dass Katzenmütter, die ihren Jungen eine Ratte – oder auch nur Teile davon, die deutlich kleiner sein können als eine ganze Maus – zutragen, im Gegensatz zum Mäuseruf einen schrillen, häufig lang gezogenen Schrei ausstoßen: den sogenannten Rattenruf.

Eine Ratte ist nämlich selbst für ausgewachsene Katzen eine nicht ungefährliche, wehrhafte Beute. Und die Welpen reagieren prompt! Beim „Mäuseruf" kommen sie ohne Zögern heran und zeigen brennendes Interesse. Beim „Rattenruf" hingegen zeigen die Jungen deutliche Anzeichen von Misstrauen und Vorsicht und schleichen geduckt und langsam näher. Sie „verstehen" also diese Verschiedenheit der Rufe, ohne jemals zuvor die Erfahrung gemacht zu haben, was sie bedeuten.

Fauchen

Das Fauchen ist bei Katzen ebenfalls sehr früh entwickelt, wenngleich es von sehr jungen Kätzchen noch ohne Luftstoß hervorgebracht wird. Sie sperren das Mäulchen etwa bis zur Hälfte auf und machen ein klassisches „Fauchgesicht".

In späterer Perfektion sieht dies dann so aus, dass die Oberlippe zurückgezogen und die Zunge, vor allem an den Seitenrändern, bis zum Gaumen hochgewölbt wird. Dadurch kann die Atemluft sehr scharf ausgestoßen werden, was das typische Fauchgeräusch verursacht.

Ich verstehe die Zweibeiner manchmal einfach nicht! Da treffen sie uns Katzen draußen an, sind uns auch wohlgesinnt und wollen uns anlocken, um uns zu streicheln. Und was machen sie? Sie geben *Zischlaute* von sich! Etwa wie: „Bssss, bsss, bssss." Ja wissen diese Leute denn nicht, dass dies wie ein Fauchen oder das Zischen einer Schlange in unseren Ohren tönt und daher *alles andere als einladend* ist?!

*Durch das scharfe Ausstoßen der Atemluft entsteht das typische Fauchgeräusch,
das zusätzlich zu dem sichtbaren Fauchgesicht den Gegner warnt.
(Foto: Fotonatur.de/Meyer)*

Ein Warnlaut gegenüber nichtkätzischen „Gegnern" ist das Spucken, wobei die Katze oft gleichzeitig den typischen Katzenbuckel macht. (Foto: Schanz)

Auf kurze Entfernung ist dieser Luftstoß sogar spürbar. Das ist der Grund, warum Katzen es als unangenehm und abwehrend empfinden, wenn man ihnen ins Gesicht bläst, und wir können uns diesen Umstand bei der Erziehung zunutze machen. Aber bitte ausschließlich (!), wenn es darum geht, körperliche Grobheiten, wie zum Beispiel überbordendes Spiel mit Kralleneinsatz, abzuwehren! Zu häufig und falsch eingesetzt, kann diese „Erziehungsmaßnahme" der Katze Angst vor dem Menschen als „Riesenkatze" bereiten.

Je eindrücklicher eine Warnung geäußert wird, desto ernst zu nehmender ist sie. Mit diesem stimmlosen Laut droht die Katze dem „Gegner" nicht nur visuell (Fauchgesicht), sondern auch taktil (Luftstoß) und akustisch (Fauchgeräusch).

Es ist die letzte Chance, einem saftigen Pfotenhieb aus dem Weg zu gehen!

Spucken

Das sogenannte Spucken entsteht, wenn die Katze die Atemluft scharf und explosionsartig ausstößt. Es ist ein Warnlaut und dient dazu, den stets andersartigen, nichtkätzischen „Gegner" zu beeindrucken, zu bluffen und dadurch Zeit zur Flucht zu gewinnen oder sich eine Chance auf eine vorteilhaftere Position zu verschaffen. Das Spucken dient also nicht zur Kommunikation von Katze zu Katze. Gleichzeitig wird häufig der Katzenbuckel zu sehen sein.

Auch der Katzenbuckel will gelernt sein – wie man sieht ...
(Foto: Fotonatur.de/Morsch)

Knurren

Den drohenden Laut des Knurrens kennen wir alle – nicht nur von Katzen, sondern auch von Hunden, ja sogar von Kaninchen! Gewisse Signale werden eben artübergreifend – und darüber hinaus auch von uns Menschen – verstanden. Diese Art der Kommunikation ist also „interspezifisch" verständlich. Es macht Sinn, dass es sich dabei immer um grundlegende Empfindungen wie Warnung, Abwehr oder Angst handelt. Begleitend dazu sehen wir, dass das Tier sich groß macht, indem es zum Beispiel das Fell sträubt, auf den Zehen läuft und einen Buckel macht, um den Gegner abzuschrecken und zu täuschen (Vögel plustern die Federn auf, Hun-

de oder Katzen sträuben das Fell, um nur einige Beispiele zu nennen). Fühlt sich eine Katze ernsthaft bedroht oder in die Enge getrieben, kann sich ein Fauchen in ein Knurren wandeln. Es ist ratsam, eine knurrende Katze ernst zu nehmen, denn sie signalisiert damit unmissverständlich, dass sie gegebenenfalls bereit wäre, zum Angriff überzugehen und auch zuzubeißen.

Erstaunlich ist es, mit welcher Tiefe und Inbrunst bereits jugendliche Katzen knurren können. Dabei muss es sich nicht unbedingt um den „Ernstfall" handeln. Im Spiel wird Knurren und dessen Wirkung auf den anderen „geübt" und ausgetestet – auch wenn es dabei nur um eine Fellmaus oder eine profane Stubenfliege geht.

Grollen

Das Grollen setzt die erwachsene Katze haupt-sächlich im Rahmen der innerartlichen Kommuni-kation – also von Katze zu Katze – ein. Und dies zumeist dann, wenn ihr ein Artgenosse zu auf-dringlich wird. Es ist die stimmhafte Steigerung des Knurrens und dient der Warnung: „Es reicht! Treib es nicht auf die Spitze, sonst rumpelt's im Karton!"

Schnattern

Die Bedeutung des „Schnatterns" ist noch weit-gehend ungeklärt. Katzen zeigen dieses Verhal-ten, wenn sie auf eine begehrte, aber unerreich-bare Beute konzentriert sind. Dabei wird das

Das Grollen ist quasi die letzte Warnung vor dem Angriff. (Foto: Fotonatur.de/Meyer)

Konzentriert sich eine Katze auf das Leben jenseits der Fensterscheibe, sollte sie nicht plötzlich angefasst werden, da sie sich möglicherweise gerade auf „Jagd" mit den Augen befindet und unter großer Anspannung steht. (Foto: Fotonatur.de/Meyer)

Mäulchen leicht geöffnet und die Katze „schnattert", „gackert" oder „meckert". Vermutlich handelt es sich dabei um eine Übersprunghandlung (siehe Kasten auf Seite 35)

Übrigens: Eine Katze, die hinter der Fensterscheibe sitzt und konzentriert schnatternd einen Vogel oder grollend eine andere Katze beobachtet, kann durchaus eine Stauung der nicht ausgelebten Motivation erleben und sollte in diesem Moment nicht angefasst werden. Sie könnte mit umorientierter Aggression reagieren, sich also blitzschnell umdrehen und nach der streichelnden Hand schlagen. Die Katze, die sich nämlich gerade derart auf der (Augen-)Jagd oder in einem (Augen-)Duell befindet, steht unter enormer Anspannung und rechnet nicht damit, berührt zu werden. Hände weg, lieber Mensch, denn wer jetzt einen Hieb einfängt, hat wirklich selbst Schuld!

gesummtes „Mmmmhhh", ähnlich wie Erstklässler das Alphabet lernen: „Mmh, wie schmeckt der Kuchen gut!"

Das stimmliche Repertoire der Katze scheint grenzenlos zu sein! Oder kennen Sie nicht auch diesen „Hallo!-Niemand-zu-Hause?!"-Ruf, wenn Sie versehentlich vergessen haben, die Katzenklappe zu entriegeln, und Ihre Mieze zuerst freundlich, dann immer resoluter Einlass verlangt? Ich kann Ihnen nur empfehlen, schleunigst zu reagieren, denn eine meiner Katzen hat auch schon mal die gesamte Katzentür schlicht und ergreifend abmontiert! Oder kennen Sie auch dieses entnervte

Miauen

Beim Miauen wird das Mäulchen aufgesperrt und nach und nach wieder geschlossen. So entstehen hell klingende, stimmliche Laute, die extrem variieren können. Welcher Katzenhalter kennt es nicht, das fordernde Miauen, wenn die Futterschüssel schon wieder leer ist! Reagiert der Mensch nicht in angemessener Zeit – und an dieser Stelle vermisse ich häufig die sprichwörtliche Geduld der Katzen! –, so wird daraus ein klagendes Jammern bis hin zum zickigen Gemotze.

Mein British Shorthair-Kater Mogli ist in dieser Beziehung die reinste Wohltat, denn er beschränkt seine Bettelversuche auf ein nahezu

Also, für uns Katzen ist das recht banale Miauen soooo wichtig nicht! Aber wir haben verstanden, dass der Mensch gut darauf reagiert. Wenn so ein *Dosenöffner* viel mit uns redet, machen wir ihm die größte Freude, wenn wir hier und da *mit einem Miauen antworten*. Was tut man nicht alles für den häuslichen Frieden?! Und wenn der Mensch bockig oder langsam oder gar nicht reagiert, kann man ihn mit durchdringendem, anhaltendem Miauen zu fast allem bringen!

Miauen, das früher oder später beim Bürsten erklingt und unmissverständlich vermittelt: „Jetzt lass mich endlich in Ruhe! Ich bin schön genug!"

Ich bin sicher, Sie könnten diese Auflistung endlos weiterführen und ergänzen.

Ein Problem, das relativ häufig an mich herangetragen wird, ist vermehrtes, wirklich zermürbendes Miauen, sei es mitten in der Nacht, zu wirklich unchristlich früher Morgenstunde oder aber auch bei Katzen, die älter werden. Diesem Problem sollte man tatsächlich auf den Grund gehen. Taube Katzen hören sich selbst nicht und neigen deshalb dazu, übermäßig laut zu miauen.

Die Sinnesorgane

Bei alternden Katzen lässt die Leistungsfähigkeit aller Sinnesorgane nach, und diese Veränderung verunsichert die Tiere manchmal sehr. Dazu muss man verstehen, zu welchen Glanzleistungen die Sinnesorgane der Katze unter normalen Umständen fähig sind.

Die Augen haben zwar „nur" die gleiche Sehschärfe wie die der Menschen. Aber bei Dämmerung sehen Katzen weitaus mehr als wir. Bei starkem Lichteinfall sind die Pupillen schlitzförmig, höchstens aber oval. Je weniger Licht einfällt, desto runder werden die Pupillen. Der Augenhintergrund ist im oberen Teil hinter der Netzhaut mit speziellen, das Licht reflektierenden Zellen ausgekleidet, die wie ein Spiegel funktionieren. Fällt ein Lichtstrahl durch die Netzhaut, ohne von ihr absor-

biert zu werden, wird er von dieser Reflektionsschicht wieder zurück auf die Netzhaut geworfen. Es funktioniert wie ein „Restlichtverstärker". Das Auge braucht also „Restlicht"; bei völliger Dunkelheit sieht auch eine Katze nichts mehr. Fängt ein betagtes Kätzchen plötzlich an, nachts unaufhörlich zu miauen, kann es daran liegen, dass das verbleibende Licht nicht mehr ausreicht, um genug erkennen zu können. Auch Katzen, die Schlaganfälle erlitten haben, sind manchmal davon betroffen. Beobachtet der Besitzer derlei Veränderungen an seinem Tier, sollte der behandelnde Tierarzt aufgesucht werden. Oft reicht es aber sogar aus, nachts mehrere schwache Lichtquellen in der Wohnung brennen zu lassen, wie zum Beispiel Kinder-Nachtlämpchen. Diese minimale Lichtzusatzquelle kann die fehlende Sehkraft ausgleichen und der Katze die Unsicherheit nehmen.

Höchst beeindruckend ist ebenfalls das Gehör einer gesunden, erwachsenen Katze: Als Ansitzjägerin ist sie mit großen Ohrmuscheln ausgerüstet, die sich, unabhängig voneinander, verschiedenen Geräuschquellen gleichzeitig zuwenden können. Katzen reagieren höchst empfindlich auf sehr hohe Töne. Sie hören Töne, die mindestens eineinhalb Oktaven höher sind als die höchsten, die wir Menschen wahrnehmen können. Das klingt alles sehr theoretisch, daher ein Vergleich zur Veranschaulichung: Für uns Menschen müssten 1000 (!) Mäuse gleichzeitig piepsen, damit wir das hören könnten, was eine Katze wahrnimmt, wenn sie eine einzige Maus piepsen hört!

Dass das Nachlassen einer solch fantastischen Hörleistung eine alternde Katze frustriert oder auch verunsichert, ist nicht weiter erstaunlich. Leider kann ich Ihnen keinen anderen Rat geben, als wiederum ein Gespräch mit dem Tierarzt zu suchen. Vielleicht wird er durchblutungsfördernde, im schlimmsten Fall vorübergehend angstlösende Präparate einsetzen, um dem Katzensenior zu helfen, mit den veränderten Lebens- und Körperumständen zurechtzukommen. Es ist allemal die bessere Lösung als ein Seniorenleben in Stress und Unsicherheit.

Miaut eine Katze vermehrt während der Morgenstunden und der Dämmerung, liegt dem häufig der Drang zugrunde, nach draußen gelassen zu werden. Die Zeit unmittelbar vor Sonnenaufgang und unmittelbar nach Sonnenuntergang ist für Katzen die interessanteste Tageszeit, da potenzielle Beutetiere dann besonders aktiv und dementsprechend gut zu fassen sind. Da alle Katzen diesem Biorhythmus mehr oder weniger unterliegen, sind natürlich auch die meisten Artgenossen ums Haus herum unterwegs. So „unerwünscht" frühmorgendliches Miauen auch sein mag – es handelt sich um ein normales Verhalten. Ich kann Ihnen daher nur einen Tipp geben: Wenn Sie einmal schwach werden und der Katze in irgendeiner Form nachgeben, dann wird sie es immer und immer wieder

Katzenaugen: Perfekt zum Jagen in der Dämmerung, doch bei totaler Finsternis können auch Katzen nichts sehen. (Foto: Schanz)

versuchen. In Sachen Beharrlichkeit sind Katzen uns haushoch überlegen!

Andere Katzen lernen förmlich, zu Unzeiten ganze Märchen zu „miauen", da sie ihre Menschen damit in Gang setzen. Sobald die Katze Beachtung findet, hat sie gewonnen. Ob das negative Beachtung ist (durch Schimpfen zum Beispiel), oder ob Sie schnell aus dem Bett steigen und Ihre Mieze mit Futter besänftigen wollen, ist für das Tier zweitrangig. Was die Katze lernt ist: Miauen bringt Aufmerksamkeit und somit Erfolg. Und wenn es einmal funktioniert hat, muss es wieder funktionieren! Es gibt nur ein Mittel der Wahl für derart terrorisierte Besitzer: Bleiben Sie konsequent und beachten Sie dieses Verhalten nicht mehr.

Zu Anfang einer entsprechenden Umgewöhnung wird die Katze mehr schreien als je zuvor. Nach und nach lässt das Miauen nach. Fairerweise muss ich Ihnen aber sagen, dass genau dann, wenn Sie denken, Sie hätten die „Umerziehung" geschafft (was im Schnitt nach rund zwei Wochen der Fall ist), die Katze noch einmal vehement anfangen wird zu miauen. Wir reden in der Verhaltenstherapie hier von einer „Löschung": Bevor ein Verhalten aus dem Repertoire definitiv gelöscht wird, tritt es noch einmal verstärkt auf, verschwindet dann aber. Halten Sie also durch! Sie haben es bald geschafft!

Die großen Ohrmuscheln können unabhängig voneinander in verschiedene Richtungen gedreht werden und leisten ihren Beitrag zum beeindruckenden Hörvermögen der Katze. (Foto: Fotonatur.de/Askani)

Schreien

Wird vom kätzischen Schreien gesprochen, so ist zumeist das werbende, jaulende, durchdringende Miauen der Katze gemeint. Die paarungsbereite „rollige" Katze ist unruhiger als gewöhnlich, wälzt und rollt sich vor dem „Objekt ihres Verlangens" – sei dies ein Artgenosse oder ersatzweise vor ihrem Menschen –, reibt dabei ihre Wangen am Boden, schnurrt, gurrt und schreit. Die Rolligkeit dauert fünf bis sieben Tage an. Auch bei kastrierten Katzen können abgeschwächte Anzeichen der Rolligkeit auftreten, denn die Kastration verhindert lediglich eine erfolgreiche Fortpflanzung, beeinflusst aber nicht das entsprechende Verhaltensmuster. Am Ende des Begattungsaktes stößt die weibliche

Katze ein abwehrendes Schreien aus, ähnlich dem Geschrei von Katzen in echten Notlagen oder während eines Ernstkampfes.

Bei Auseinandersetzungen zwischen zwei Katern hört man über weite Distanzen jaulende Schreie, die man eher als „Singen" bezeichnen könnte. Dabei handelt es sich nicht um den Lockruf nach einem Weibchen, sondern um Drohgesang unter zwei maskulinen Tieren, die um ihr Revier und ihre Ressourcen kämpfen.

Hier kein Zeichen von Rolligkeit, sondern von purer Entspannung: Das Wälzen auf dem Boden hat bei Katzen verschiedene kommunikative Funktionen. (Foto: Schanz)

(Foto: Schanz)

Körpersprache: Mimik und Gestik

Als Mimik bezeichnet man die sichtbaren Bewegungen der Gesichtsoberfläche. Das Katzengesicht ist sehr ausdrucksstark, denn es verfügt über eine extrem bewegliche Muskulatur im Nasen-, Maul- und Ohrenbereich. Die Backen- und Schnurrhaare (auch Vibrissen genannt) untermalen und betonen jede Muskelbewegung und sind mit sehr sensiblen Sinnesrezeptoren ausgerüstet. Und durch die Fähigkeit, die Pupillengröße rasant schnell zu verändern, passt sich das Katzenauge nicht „nur" an bestehende Licht-

verhältnisse an, sondern setzt auch hinsichtlich der Mimik dem Gegenüber klare kommunikative Signale.

Haben Sie das Gesicht Ihrer Katze beim Spielen schon einmal genau beobachtet? Hätten wir Menschen eine bessere Reaktionsfähigkeit, könnte man jeweils den Tausendstel Bruchteil einer Sekunde vor dem Zuschlagen sagen: „Jetzt kommt's!" Die Katze beobachtet, und urplötzlich fächern sich die Schnurrhaare nach vorn, die Pupillen werden kugelrund, die gesamte

Gesichtsmuskulatur ist angespannt, und schon sitzt der gezielte Pfotenhieb! Schauen Sie mal gut hin – es sieht wirklich faszinierend aus!

Die Gestik als die Sprache des Körpers und seiner Haltung kann die Lautsprache ersetzen, ergänzen oder unterstreichen. Mimik und Gestik sind Bestandteile der nonverbalen Kommunikation und dienen dazu, sich mitzuteilen und Missverständnisse gar nicht erst aufkommen zu lassen. Es liegt mir sehr daran, dass Sie Folgendes verinnerlichen: Schaut eine Katze auch noch so böse drein und droht mit allem, was sie hat – sie will nichts anderes als Konflikte vermeiden!

Der neugierigen Katze ist die positive Anspannung deutlich anzusehen. (Foto: Fotonatur.de/Meyer)

Ach, macht mich das müde! Das ist doch alles nur *langweilige Theorie*! Schauen wir uns doch lieber mal an, wie toll wir Katzen unsere Stimmungen mit unserem Körper ausdrücken können!

Auseinandersetzungen laufen in der Regel und zum größten Teil gewaltfrei und ohne gravierende Verletzungen für die Kontrahenten ab, gerade weil Katzen mit derart effizienten Waffen ausgerüstet sind. Jeder Angriff birgt auch die Gefahr, selbst verletzt zu werden. Diese „Ernstkampfvermeidung" durch Einsetzen aller Varianten der Körpersprache nennt man „Kommentkampf". Es ist ein „ritualisierter" Kampf; das bedeutet, dass eine genau festgelegte und somit für beide Seiten weitestgehend vorhersehbare Abfolge von Verhaltensweisen eingesetzt wird, um sich dem anderen mitzuteilen und ihn vorzuwarnen. Kommentkämpfe können selbstverständlich in Beschädigungskämpfe übergehen, wenn ein Konflikt nicht mit einem Kommentkampf zu lösen ist. Dies kann zum Beispiel der Fall sein, wenn beide beteiligten Katzen ungefähr gleich stark sind.

Angriff, Flucht, aggressives wie auch defensives Verhalten, Imponieren, Drohen, Abwehren, Beschwichtigen, Fliehen und so weiter – alle diese Verhaltensweisen fasst man unter dem Sammelbegriff „agonistisches Verhalten" (vom griechischen „agonistikos" für „kämpferisch") zusammen, und man versteht darunter jede denkbare kämpferische Auseinandersetzung zwischen rivalisierenden Artgenossen, bei der es grundsätzlich immer um essenzielle Ansprüche wie Lebensraum, Nahrung, Fortpflanzung und Aufzucht des Nachwuchses geht.

Neutrale Stimmung

Die neutral gestimmte Katze zeigt eine entspannte Körperhaltung, egal ob sie sitzt, liegt oder herumläuft. Die Augen vermeiden keinen Blickkontakt, fixieren aber auch nicht. Die Ohren stehen aufmerksam und reagieren auf Klangquellen aus der Umwelt. Die Gliedmaßen sind weder krampfhaft unter dem Körper eingezogen noch sprungbereit angespannt. Der Schwanz wippt beim Laufen leger hin und her, und das Fell liegt entspannt am Körper an.

Ganz entspannt: Die neutral gestimmte Katze nimmt ihre Umgebung gelassen wahr.
(Foto: Fotonatur.de/Morsch)

Leicht genervt: Diese Katze ist noch unentschlossen, ob sie der Störung aus dem Weg gehen oder sich wehren soll. (Foto: Fotonatur.de/Meyer)

Verärgerung

Die gereizte, verärgerte Katze zeigt zunächst ihren Unmut durch Klopfen und Wedeln mit der Schwanzspitze, das sich bis zu einem heftigen Hin- und Herpeitschen steigern kann. Dieses Schwanzpeitschen sagt aber noch nichts darüber aus, ob die Katze defensiv oder offensiv reagieren wird. Im Gegenteil zeigt es den ganz akuten Gemütszustand sinnbildlich: Die Katze schwankt – wenn Sie so wollen gemeinsam mit ihrem Schwanz – zwischen Flucht oder Angriff, zwischen dem genervten Davonlaufen oder dem vehementen Wehren gegen die Störung.

Abwehrbereitschaft

Bei der abwehrbereiten Katze versetzt sich der ganze Körper in Verteidigungsbereitschaft – wohlgemerkt immer mit dem Ziel, eine ernste, körperliche Auseinandersetzung zu vermeiden. Abwehr ist defensiv und die Reaktion auf eine – wenn auch nur vermeintliche – Bedrohung! Mehr Schein als Sein ist die Devise: Die Katze setzt alles daran, größer zu erscheinen, als sie in Wirklichkeit ist.

Im Extremfall kann dazu der Schwanz steil nach oben aufgestellt und wie eine Flaschenbürste gesträubt werden. Das Fell wird aufgeplustert, und

Der kleine Tiger schwankt zwischen Abwehr und Aggression – letzteres zeigt sich deutlich in den für den Gegner sichtbaren weißen Flecken auf den Ohren. (Foto: Fotonatur.de/Schellhorn)

häufig nehmen Katzen eine leicht seitliche Position zum Kontrahenten ein, präsentieren ihm ihre Breitseite. Dieses gesamte Körperbild nennen wir Katzbuckeln, und es ist bezeichnend für das, was in der Katze vorgeht. Während der vordere Teil „sich bereits auf der Flucht befindet", „blufft" das Hinterteil noch. Dadurch schiebt sich der Katzenkörper in der Länge zusammen, und der Rücken wölbt sich. Das Ganze wird untermalt durch Anfauchen des gegnerischen Artgenossen oder durch Spucken, wenn sich die Katze von einem andersartigen Gegenüber wie beispielsweise einem Hund bedroht fühlt. Es werden kleine Scheinangriffe gestartet, die nur dem einen

Zweck dienen: den Kontrahenten zu verblüffen und sich so eine Möglichkeit zur Flucht zu verschaffen. Die Katze zuckt dabei förmlich wie elektrisiert vor und zurück. Schafft sie es, den Gegner zu verdutzen, kann es durchaus sein, dass das Hinterteil „mutiger" wird, und dieser Anblick vermittelt den Eindruck, als „überhole" es die ganze restliche Katze.

Ergibt sich für die Katze trotz allem kein Ausweg vor dem bedrohlichen Reiz, wird sie versuchen, eine strategisch vorteilhaftere, leicht erhöhte Position zu erlangen. Gelingt ihr auch das nicht, verharrt sie zusammengekauert und regungslos am Ort, immer darum bemüht, ihre empfindlichen

Körperteile zu schützen. Sie kann mit den Vorder-pfoten schlagend und fauchend dem „Feind" ent-gegenstoßen oder aber knurrend warnen. Die Oberlippe wird weit hochgezogen, und auf der Nase bilden sich dadurch kleine Fältchen, die die Zähne freilegen, ganz nach dem Motto: „Schau, was ich für gefährliche Waffen habe, und lass mich besser in Ruhe!" Selbstverständlich kann diese Abwehr- auch in eine Angriffshaltung kippen. Die Übergänge sind fließend.

Übrigens folgt einem Fauchen im Allgemeinen ein Pfotenhieb, wohingegen das anhaltende, warnende Knurren tendenziell eher einen Biss ankündigt.

Angst

Die akut angsterfüllte Katze legt die Ohren eng nach hinten an, sodass der Anblick vermuten lässt, sie habe gar keine Ohren. Extrem geweitete Pupillen unterliegen einem starken Adrenalineinfluss und deuten auf wirklich starke Angst oder auf extreme Stresssituationen hin. Die Schnurrhaare liegen nach hinten an. Die Katze „macht sich klein", in der Hoffnung, dass der Angst auslösende Reiz verschwindet. Häufig sitzt sie dabei mit angezogenen Gliedmaßen, um verletzliche Stellen wie Nacken, Hals und Bauch zu schützen, und versucht, sich in Ecken und Winkel zu drängen.

Angst pur spricht aus dem Gesicht und dem ganzen Körper des Tigerkindes.
(Foto: Fotonatur.de/Schellhorn)

Übersprunghandlungen

In Konfliktsituationen zeigen Katzen häufig Übersprunghandlungen, indem sie sich zum Beispiel putzen oder kratzen oder am Boden schnüffeln, und zwar immer dann, wenn zwei Antriebe gleich stark sind und einander blockieren, sodass ein dritter, anscheinend in der entsprechenden Situation deplatziert wirkender Antrieb auftritt. Das kann beispielsweise ein Schwanken zwischen Angriff und Flucht sein, das sich dann übersprungartig in Form hektischen Fellleckens abreagiert. Nach innerartlichen Auseinandersetzungen kann man oft beobachten, dass sich das unterlegene Tier anschließend an Gegenständen (zum Beispiel einem Baumstamm) mit „Imponierkratzen" abreagiert – allerdings erst, wenn der Überlegene außer Sichtweite ist. Dieses „Dampf-Ablassen" wurde von Paul Leyhausen als „Trotzgeste" bezeichnet.

Akute Anspannung wird abgebaut, indem die Katze sich über Nase und Maul leckt oder angestrengt in der Gegend umherschaut und Blickkontakt mit dem Konfliktauslöser vermeidet; vor allem, wenn sie angestarrt oder zu aufdringlich beobachtet wird. Dieses Verhalten kann man auch bei Großkatzen im Zirkus oder im Zoo beobachten, die den aus Katzensicht penetranten Blicken der Besucher zu erbarmungslos ausgesetzt sind.

Auch diese Katze legt die Ohren ganz nach hinten an – allerdings keineswegs angsterfüllt, sondern aus einer reinen Spiellaune heraus. (Foto: Fotonatur.de/Meyer)

Also, ich muss schon sagen, dieser Fotograf, der da mit einem riesigen Rohr ständig vor mir auf dem Bauch herumrobbt und Blitze vom Himmel krachen lässt, der macht mich schon *etwas nervös*! Was will der nur von mir?!

Hier wird bewusst der Kontakt zur Außenwelt abgebrochen, das Gesicht sagt: „Lass mich einfach in Ruhe!"
(Foto: Fotonatur.de/Schellhorn)

Depressionen

Bei anhaltendem, als bedrohlich empfundenem Dauerstress (Distress genannt), bei Vereinsamung und/oder sozialer Vernachlässigung kann auch eine Katze in tiefe Depressionen verfallen. Diese Zustände treten häufig auf, wenn zu viele Katzen auf zu engem Raum miteinander leben müssen oder wenn ein Individuum von anderen Katzen permanent „gemobbt" wird. Auch Tiere, die einen vertrauten Lebenspartner verloren haben – sei dies ein Mensch oder ein Artgenosse –, können durchaus für Monate in Depressionen und Trauer verfallen.

Die ausgeprägten Anzeichen hierfür sind für den aufmerksamen Beobachter deutlich zu erkennen: Zunächst wird die eigene Körperpflege vernachlässigt, das Fell wirkt struppig und matt. Nach und nach wendet sich die Katze immer mehr von der Außenwelt ab und wirkt verschlossen, abweisend und an allem Geschehen desinteressiert. Im fortgeschrittenen Stadium ruht sie praktisch den ganzen Tag. Es handelt sich aber nicht um entspanntes Schlafen, sondern um einen „absoluten Kontaktabbruch" zur Umwelt. Dieser wird dadurch deutlich, dass die Katze die Augen krampfhaft zudrückt. Dazu liegt sie meistens in „Verschlußhaltung" mit gekrümmten Rücken, die Vorderbeine werden zum Körper hin eingeknickt und eingezogen, die Ohren stehen quer und abweisend vom Kopf ab, während sie den Kopf zwar angespannt oben, aber eingezogen hält (wirkt halslos). Nun ist es kein Drama, wenn die Katze sich zwischendurch einmal in diese Haltung begibt, weil sie gerade entspannt und ausgestreckt geschlafen hat und sich durch irgendetwas plötzlich gestört fühlt. Liegt sie aber häufig und lang andauernd auf diese Weise herum und wirkt allgemein apathisch, ist es dringend an der Zeit, die Ursachen zu suchen. Dauerbelastungen dieser Art führen über längere Zeit zu einer Herabsetzung der Immunabwehr und in der Folge zu schweren Erkrankungen.

Typisch für die hier noch nicht vollendete, aber im Ansatz deutlich erkennbare Angriffshaltung sind die nach vorn gerichteten Rückseiten der Ohren. (Foto: Fotonatur.de/Askani)

Drohen

Drohen oder besser gesagt „Angriffsdrohen" ist im Gegensatz zur Abwehr total offensiv und enthält in der Mimik alle Nuancen, die man auch beobachten kann, wenn eine Katze frisst. Daher nennt man das Angriffsdrohen auch „Beißdrohen". Die Schnurrhaare sind nach vorn gerichtet

Mit ritualisierten Gebärden wie der Drohhaltung beginnt der Kampf zwischen unkastrierten Katern.
(Foto: Fotonatur.de/Askani)

und breit gefächert, ähnlich wie bei einem Rad schlagenden Pfau. Die Ohren sind seitlich flach, aber an der Ohrwurzel nach vorn gerichtet. Damit wird verständlich, warum zum Beispiel Tiger auf der Rückseite der Ohren weiße Punkte haben: Sie werden ausschließlich bei echter Angriffshaltung für das zugewandte Gegenüber sichtbar. Es kann somit keinerlei Missverständnisse am Ernst der Lage geben, da dieses optische Signal die (Beiß-) Absicht klar betont. Bei der echten Falbkatze (Felis silvestris lybica), von der unsere Hauskatze abstammt, ist die Rückseite der Ohren zum gleichen Zweck leuchtend orange.

Eine Katze kann ziemlich häufig und recht rasch in die Lage geraten, Abwehrverhalten zeigen zu müssen. Die Signale für echtes Angriffsdrohen sieht man hingegen recht selten.

Katerkämpfe

Unkastrierte Kater zeigen diese Angriffshaltung bei Rangordnungskämpfen untereinander. Dabei geht es um Macht, um Status, um den Zugang zu potenziellen Fortpflanzungspartnerinnen und um Reviergrenzen. Solch ein Ernstkampf, bei dem vom Fauchen und Knurren bis hin zum Kratzen und Beißen alles eingesetzt wird, wird durch einen Kommentkampf, also ritualisierte Drohgebärden eingeleitet:

Zunächst sehen wir die bereits bekannte Drohhaltung: Der Kater macht sich groß, krümmt dazu den Rücken, sträubt das Fell, zieht die Lippen zurück, um die Zähne freizulegen, und knurrt dazu. Doch im Gegensatz zur reinen

Abwehrhaltung wird der Kontrahent mit den Augen fixiert und angestarrt. Die Gegner stehen einander in seitlicher Haltung gegenüber und nähern sich auf den Zehenspitzen – eine Strategie, die den ganzen Katzenkörper optisch noch größer erscheinen lässt. Sobald sie sich auf einer Höhe befinden und keiner der beiden bis dahin nachgegeben hat, wird ein Kater mit Angriffen gegen den Kopf- und Halsbereich des anderen beginnen. Hier geht es ganz klar um „Beschädigung" des anderen, um alles oder nichts, um „er oder ich", um das Durchsetzen der eigenen Interessen. Nach einer solchen ersten Attacke starren sich die Kater wieder gegenseitig an, anscheinend mit dem Zweck, den anderen zur Aufgabe und zum Rückzug zu bewegen. Gibt keiner der beiden nach, folgt der zweite Beschädigungsangriff. Dann folgt wieder ritualisiertes Drohverhalten, und so weiter.

Übrigens zeigen Kater durchaus auch eine ganz andere Art sozialen Miteinanders – die sogenannte „Bruderschaft". Es ist ein reiner Männerverein, der aus mehreren, ausschließlich unkastrierten Katern besteht. Hier herrscht eine absolute Hierarchie. Der Katerklub zieht umher und sucht gemeinsam junge, geschlechtsreife Kater auf, um sie herauszufordern. Ein Jungkater muss viele harte Kämpfe durchstehen, bevor er aufgenommen wird. Bei den Kämpfen geht es ausschließlich um den Rang, nicht ums Revier! Die „Bruderschaft" wartet vor dem Haus des Jungkaters und lockt und ruft ihn, bis er sich den Kämpfen stellt. Ist ein Kater erst einmal aufgenommen und hat sich seinen Status erkämpft, finden in aller Regel keine ernsthaften Auseinandersetzungen mehr statt.

Früh übt sich: Bei dieser spielerischen Diskussion neigt das Kätzchen links dazu, klein beizugeben.
(Foto: Fotonatur.de/Askani)

Katzen sind nicht demütig!

Eine Demutsgebärde, die den Kontrahenten „besänftigen" oder zu Nachsicht veranlassen könnte, gibt es bei Katzen nicht. Unterliegt eine Katze im Kampf, so liegt sie zwar auf dem Rücken, doch diese Stellung ist keineswegs Unterwerfung, denn sie hat alle Waffen einsatzbereit „nach oben gerichtet". Diese Haltung bewirkt bei der gegnerischen, überlegenen Katze keinen Kampfabbruch. Wenn sich die überlegene Katze zurückzieht, so liegt das allein daran, dass sie findet, dass „es reicht". Daran sollten wir denken, wenn wir mit der Katze spielen. Legt sich die Katze dabei auf den Rücken und kämpft „mit den Waffen nach oben", ist das für sie kein Spiel mehr. Sie empfindet sich bereits als unterlegen. Wenn unsere Hand sie nun noch am Bauch packt und „knuddelt" – wie wir Menschen es häufig nennen –, dann ist das für die Katze, als würde sie festgehalten und als würden wir ihr sagen: „Du bist in einen ernsten Kampf verwickelt. Gleich beiß ich dich!" Kein Wunder, wenn sie angstvoll-aggressiv reagiert und die menschliche Hand mit Krallen und Zähnen zu verletzen sucht. Grobe Raufspiele sind für Katzen lange nicht so lustig, wie manche Menschen denken. Sie machen der Katze zunächst Angst, bringen sie dann in eine Lage, in der sie sich genötigt sieht, sich zu verteidigen, und schlussendlich sind wir statt des menschlichen Freundes eine gefährliche, zu bekämpfende Riesenkatze. So schön es ist, den flauschigen Bauch zu streicheln – erlaubt ist nur, was der Katze Wohlbehagen bereitet!

Was, bitte schön, ist denn *Demut*? Ich kenne Neugier und Mut, Angst, Attacke und Abwehren. Und wenn ich wirklich mal einen kleinen Streit mit meinen kätzischen Mitbewohnern habe, dann zupfen wir einander ein paar Haare aus, beißen uns gegenseitig ein wenig in die Beine, aber nie so fest, dass es Verletzungen gibt. Na ja, und dann putze ich mir anschließend ganz heftig das Fell, und alles ist wieder gut. Nie würde ich wie ein Wurm auf dem Boden herumrutschen! Niemals! Das ist einfach *unter der Würde* eines Katers!

Hier ist die Situation entspannt: Die beiden Katzen kennen sich, auch die liegende Katze ist ganz cool und fühlt sich nicht unterlegen. (Foto: Schanz)

Doch kommen wir zurück auf die massiven Auseinandersetzungen zwischen unkastrierten Katern (ganz selten verhalten sich auch kastrierte Kater ähnlich aggressiv). Wie intensiv und wie gewaltbereit ein (unkastrierter) Kater ist, hängt sowohl von seiner genetischen und aktuellen Disposition als auch von erlernten Faktoren ab. Sicherlich hat die direkte Umwelt, nämlich die Konstellation der ansässigen Katzenpopulation im Verhältnis zur Reviergröße, einen großen Einfluss auf die Aggressionsbereitschaft. Doch was tun, wenn Sie einen solchen „Kampfkater" besitzen, der alle anderen Katzen drangsaliert und terrorisiert und dadurch nachbarschaftliche Verhältnisse nachhaltig trübt?

• **Kastration:** Die Kastration (operativ oder hormonell) ist beim Kater ein sehr kleiner Eingriff, der extrem schnell verheilt. Das Tier verändert sich im Wesen nicht, und es muss auch nicht zwangsläufig dicker werden, wenn wir Menschen ein wenig konsequent füttern. Hingegen wird sich der Testosteronspiegel einige Wochen nach der Kastration absenken und damit auch die entsprechende Aggressionsbereitschaft abnehmen. „Cool" bleibt Ihr Kater trotzdem!

Manchmal sind Kater auch nur vermeintlich vollständig kastriert. Der Tierarzt kann mittels Blutuntersuchung ermitteln, ob tatsächlich beide Hoden entfernt wurden und sich nicht irgendwo in der Bauchhöhle noch so ein „heimlicher Testosteron-Lieferant" versteckt. Ich kenne einen Kater, der fünf Mal (!) operiert werden musste, bis man den zweiten Hoden fand und entfernen konnte!

• **Schilddrüsenuntersuchung:** Ein weiterer Grund für übersteigerte Reizbarkeit kann eine Fehlfunktion der Schilddrüse sein.

• **Fütterung:** Denken Sie auch über die Ernährung Ihres kleinen Rambos nach. Manche Konservierungs- und Zusatzstoffe in Fertigfutter beeinflussen das Verhalten unserer Tiere in ungeahntem

Ausmaß. Ob dies auch bei Ihrem Schützling zutrifft, können Sie ohne aufwendige Laboruntersuchungen relativ einfach austesten: Füttern Sie für ein paar Wochen Ihr Tier ausschließlich mit selbst zubereiteten Mahlzeiten und beobachten Sie, ob sich das Verhalten Ihres Tieres ändert. Tipps hierzu finden Sie in dem Buch „Naturnahe Ernährung für Katzen", ebenfalls im Cadmos Verlag erschienen.

Füttern Sie Ihre Katzen außerdem nie im Garten. Zum einen verstärken Sie durch die Ressource „Futter" die territoriale Aggressionsbereitschaft Ihres eigenen Tieres, also die Bereitschaft, das Revier gegen fremde Katzen zu verteidigen. Und zum anderen locken Sie andere Katzen damit regelrecht an.

• **Kontrollierte Ausgangszeiten:** Ist Ihr Kater bereits kastriert und auch organisch gesund, aber dennoch ein „Gewohnheitsschläger", kann es daran liegen, dass er bereits zu viele Erfolgserlebnisse verbuchen konnte und somit sein Verhalten etabliert hat. Hier hilft häufig ein „time sharing" in Absprache mit den Katzenhaltern aus der Nachbarschaft. Dabei wird der Freilauf des kleinen Despoten reduziert und reguliert, wobei darauf zu achten ist, dass ihm keine „wichtigen" Ausgangszeiten zugestanden werden. Zeitlich wichtig und attraktiv sind vor allem die Zeiten um den Sonnenauf- und Sonnenuntergang, da dann potenzielle Beutetiere am einfachsten zu fassen sind. Für richtige „Kampfkater" eignet sich am besten ein Spaziergang mitten am Vormittag oder aber in den ruhigen Nachmittagsstunden. Vom Biorhythmus her sind Katzen dann eher weniger agil. So wird der kleine „Schläger" zum einen weniger „potenzielle Opfer" antreffen und zum anderen auch

selbst ein wenig ausgeglichener seine Patrouille absolvieren.

• **Traumata verarbeiten:** Manchmal verändern sich Kater und Katzen gleichermaßen nach Unfällen im Wesen und werden „bösartiger". Der physische und/oder psychische Schock hinterlässt Vernarbungen im Gehirn, die solch eine Veränderung nach sich ziehen können. Eine einmalige Gabe des homöopathischen Mittels Arnika leistet hier sehr gute Dienste und gehört daher in jede „Notfall-Apotheke".

Auch Auseinandersetzungen zwischen zwei Katzen, seien es einander fremde oder vertraute Tiere, können schwere traumatische Folgen nach sich ziehen. Katzen lernen unglaublich schnell und haben eine außerordentliche Auffassungsgabe. So können sich zwei Katzen über lange Zeit bestens verstehen oder aber zumindest dulden und akzeptieren, und plötzlich kommt es zu einem einmaligen, einschneidend negativen Erlebnis, um dieses empfindliche Gleichgewicht dauerhaft zu zerrütten. Tragisch, wenn beide Katzen im gleichen Haushalt leben! Aber kein Grund, als Halter zu verzweifeln oder sich schweren Herzens von einem der Tiere zu trennen. Es gibt hervorragende Wege der Desensibilisierung und Gegenkonditionierung, um dieses Negativerlebnis neu und vor allem positiv zu verknüpfen. Suchen Sie bitte, sich selbst und der Katze zuliebe, Rat und Hilfe bei fachkundigen Tiertherapeuten! Ich möchte nicht verschweigen, dass eine entsprechende Therapie echte Arbeit bedeutet und sehr viel Geduld fordert. Doch es lohnt sich wirklich. Nicht selten entstehen aufgrund einer derart individuell zugeschnittenen Therapie Tierfreundschaften, wie sie zuvor undenkbar waren. Kein Versuch sollte ungenutzt bleiben.

Wird eine Katze ausschließlich vom Menschen aufgezogen, kann es später zu Problemen beim Sozialverhalten gegenüber anderen Katzen kommen. (Foto Schanz)

Mangelnde Sozialisierung

Ist eine Katze aufgrund mangelnder Sozialisierung aggressiv gegenüber Artgenossen, gestaltet sich eine Therapie weitaus schwieriger. Katzen durchleben eine „sensible Phase" circa von der dritten bis zur 12. bis 14. Lebenswoche. In dieser Zeit ist das Katzengehirn offen, für ein ganzes Leben zu lernen, was wichtig und überlebenswichtig ist. Dinge, die in dieser Zeit nicht kennengelernt werden, bleiben ein Leben lang mit Unsicherheit behaftet. Wächst ein Flaschenkind ohne jeglichen Kontakt zu Artgenossen auf, bleibt ihm diese Erfahrung verwehrt und in der Folge wird ihm der Umgang mit anderen Katzen stets Unbehagen und/oder Probleme bereiten.

Sind Sie erstaunt, dass der soziale Kontakt von Katzen untereinander nicht „instinktiv" geregelt ist? Nun, es ist nicht immer einfach zu unterscheiden, ob ein Verhalten „vererbt", also Teil eines uralten „Stammeswissens", oder aber erlernt ist. Und sehr oft ist es auch eine Kombination aus vererbtem und erlerntem Wissen. Grundsätzlich kann man sagen: Je essenzieller ein Verhalten für das Überleben ist, desto mehr kann man davon ausgehen, dass es angeboren und nicht erlernt ist. Je mehr Aufwand in Form von Energie und Zeit für die Aufzucht der Nachkommen erbracht wird, desto mehr muss – auf verschiedenste Arten – erlernt werden. Je mehr „Instinkte" im Verhalten des Tieres verankert sind, desto breiter gefächert wird es seine Fähig-

keiten entwickeln können und desto mehr „Lern-
bereitschaft" ist vorhanden. Aber erst die Auseinandersetzung mit der belebten und unbeleb-
ten Umwelt gewährt eine gute Entwicklung. Das
Ergebnis ist ein Tier mit reichem „Erfahrungs-
schatz", der ungehemmten Bereitschaft, sich
aktiv mit der Umwelt auseinanderzusetzen, und
nicht zuletzt der Fähigkeit, neue Situationen
„kennenzulernen" und sie zu bewältigen. Ich
wünschte, diese Tatsache wäre uns nicht nur bei
der Aufzucht von Hunden, sondern auch von Kat-

Es stimmt mich immer sehr traurig, wenn ein Katzenkind keine Mutter hat oder viel zu früh von ihr
getrennt wird. Wir bleiben sehr gern bis zu unserer
zwölften Lebenswoche bei Mama. Welpenaufzucht
ist doch mehr als nur Säugen. Indem wir unsere
Mama *beobachten und nachahmen*,
lernen wir ungemein viel fürs Leben! Nach und
nach erkunden wir die Welt vom Boden bis unter
die Decke. Und unsere Mütter wissen genau, wann
wir für welche Lektion bereit sind, und zeigen uns,
worauf es ankommt.

zen derart bewusst! Unsere Katzen leben in der
gleichen reizüberfluteten Umwelt wie unsere
Hunde und müssen daher ebenso mit allen Faktoren rechtzeitig und einfühlsam bekannt gemacht werden.

Obwohl mir die Vorgeschichte meines British
Kurzhaar-Katers Mogli weitestgehend unbekannt
ist, kann ich mit Sicherheit sagen, dass er eines
jener Katzenkinder war, die in der entscheidenden Lebensphase dem Sozialkontakt mit Artgenossen beraubt worden sind. Es ist durchaus
möglich, solche Katzen an einzelne Tiere zu gewöhnen. So lebt Mogli heute bei mir mit Anima
und Sala zusammen. Doch jede neue Katze, die
ein solches Tier kennenlernen soll, bedeutet wieder neuen Aufwand, erschwertes Lernen. Oder
anders gesagt: Eine einmalige, positive Erfahrung
reicht nicht aus, um ein Verhalten zu generalisie-
ren. Das Erlernte wird nur auf die Katze bezogen,
in deren Zusammenhang es erlernt wurde. Kommt
eine andere Katze hinzu, so muss wiederum (mühsam) erarbeitet werden, dass auch für sie die gleichen Regeln gelten. Selbstredend können solche
Katzen leider nicht in den Freilauf entlassen werden. Sie verstehen nur die bekannten Katzen und
würden dem nächsten Freigänger hoffnungslos in
die „gestreckte Pfote" laufen.

In meinen Bemühungen, Mogli ein wenig
„Kätzisch" beizubringen, habe ich ihn anfäng-
lich häufig „angeblinzelt". Blinzeln signalisiert
unter Katzen Friedfertigkeit und hat eine anste-
ckende Wirkung. Ich dachte, wenn er die anderen Katzen anblinzelt oder ihr Blinzeln erwidert,
hat er es einfacher. Nun, Mogli blinzelt! Wie ein
Verrückter! Aber er blinzelt nur Menschen an.
Keine anderen Katzen.

Gut, das ist ein Extremfall. In der Regel sind Flaschenkinder nicht derart unsozial mit ihren Artgenossen, da zumeist irgendwo doch eine Mutter- oder Mitkatze erlebt wird oder wurde, von der das Katzenkind lernen konnte. Aber Tierärzte werden mir beipflichten: Es gibt keine „anstrengenderen" Patienten auf dem Behandlungstisch als von Hand aufgezogene Katzen. Sie haben während der entscheidenden Lebensphase den Menschen als Sozialpartner erlebt und kennengelernt und behandeln ihn dementsprechend nicht als einen „Freund einer anderen Spezies", sondern wie eine andere Katze. Im Notfall eben auch mit Kralleneinsatz und allem, was dazugehört.

Durch das Blinzeln signalisieren Katzen Friedfertigkeit untereinander. (Foto: Schanz)

Aufs Futter geprägt?

Da wir gerade von sensiblen Phasen im Leben einer Katze reden … Immer wieder werde ich mit der Frage nach der Futterpräferenz konfrontiert: Gibt es eine Prägung auf ein bestimmtes Futter oder nicht? Ich denke nein. Denn eine Futterprägung wäre biologisch absolut widersinnig und unrationell. Es wäre unter solchen Umständen gar nicht möglich, Tierheimkatzen an einen neuen Platz zu vermitteln, ohne Kenntnis darüber, wovon sie sich früher ernährt haben. Und da man Katzen nicht wie Hunde über mehr als einen Tag hinaus „fasten" lassen sollte, wären sie vermutlich verhungert, bis man endlich herausgefunden hätte, mit welcher Nahrung sie aufgezogen wurden. Und Besitzer von Freigängern müssten dann nie Angst haben, dass die Katze sich auswärts bei Nachbarn verköstigt.

Dr. Mircea Pfleiderer, ehemalige Schülerin und angesehene Nachfolgerin von Paul Leyhausen, teilt diese Meinung mit folgender Begründung: Falbkatzen, also die „Stammmütter" unserer Hauskatzen, müssen im Alter von etwa neun Monaten die Mutter verlassen und sich ihr eigenes Revier suchen. Dazu müssen sie oft weit in fremde Gebiete wandern, und es kommt nicht selten vor, dass sich dadurch das Angebot des Beutespektrums verändert. Wären sie zum Beispiel ausschließlich auf Mäuse geprägt, müssten sie in einem anderen Gebiet, in dem es keine Mäuse, aber stattdessen zum Beispiel Kleinnager wie Hasen oder Ratten gibt, verhungern.

*Katzen lernen auch aufgrund von Erfahrung,
was genießbar ist und was nicht.
(Foto: Fotonatur.de/Rossen)*

Katzen lernen aufgrund von „Erfahrung",
was genießbar ist und was nicht. So manch
junger Kater muss ein paar Spitzmäuse ver-
tilgen, bis er kapiert, dass diese Insekten-
fresser für Katzenmägen unbekömmlich sind
und ihm deswegen nach deren Verzehr immer
wieder so schlecht wird. Dass eine Katze ihre
„Speiseplanvorlieben" hat, diese jahrelang
pflegt und von einem Tag auf den anderen
verwerfen kann, hat nichts mit „Prägung" zu
tun, sondern mit dem Eigenwillen, den wir
an Katzen ja so lieben. Und natürlich auch
mit der Tatsache, dass wir Menschen uns so
wunderbar von süßen Katzenpfötchen mani-
pulieren lassen! Ich glaube, es war Elke Hei-
denreich, die einmal gesagt hat: „Die Katze
ist das einzige Tier, dem es gelungen ist, den
Menschen zu domestizieren."

Idiopathische Aggression

Eine besondere und zum Glück sehr seltene Art
der Aggression ist die sogenannte idiopathische
Aggression. Katzen, die unter dieser echten Er-
krankung leiden, greifen Menschen, Hunde, aber
auch Artgenossen ohne jeglichen Grund auf mas-
sive Art und Weise „aus dem Nichts heraus" an.
Diese Angriffe sind derart ungehemmt, dass sie
wirklich schlimme Verletzungen hinterlassen. Nie
ist ein „Auslöser" erkennbar. Betroffene Katzen
sind von einer Minute zur anderen nicht mehr sie
selbst, es gibt keine Vorwarnung. Leider haben
verschiedenste Behandlungsmethoden bis hin zur
Veränderung der Haltungsbedingungen oder alter-
nativen Heilmethoden bisher nicht zu den er-
wünschten Erfolgen geführt. Woher diese Art der
Aggression kommt, ist ebenfalls bis heute weitestgehend ungeklärt.

Maternale Aggression

Zurückkommend auf unsere „Kampfkater" wer-
den Sie sich vielleicht fragen: Sind denn nur
Kater offensiv aggressiv? Und Weibchen nicht?
Doch. Aber die klassisch offensive Angriffshal-
tung sieht man bei erwachsenen, weiblichen
Katzen praktisch nur, wenn es darum geht, ihre
Jungen oder das für die Aufzucht beanspruchte
Revier zu verteidigen. Man nennt dies „mater-
nale Aggression" (maternal = die Mutter/das
Mütterliche betreffend). Unter anderen Umstän-
den bewegen sich Aggressionen beim Weibchen
eher im defensiven, verteidigenden Bereich.

Hormonell bedingt ist es, wenn die Mutterkatze nach der Geburt ihrer Welpen aggressiv reagiert – auch auf die ihr vertrauten Menschen.
(Foto: Schanz)

Nach der Geburt der Welpen sinkt beim weiblichen Tier der Progesteronspiegel, und man vermutet daher, dass diese extreme Aggressionsbereitschaft hormongesteuert ist. Viele Besitzer, die das Glück haben, eine Geburt und die anschließende Aufzucht der Katzenwelpen miterleben zu dürfen, sind dann auch schockiert über eine plötzlich massiv angriffige Mutterkatze, die in ihrem Wesen gar nicht wiederzuerkennen ist. „Sie kennt mich doch und weiß, dass ich ihr und ihren Jungen nie etwas tun würde", beklagen sie sich. Grundsätzlich empfehle ich, das Verhalten der Mutter zu akzeptieren und sie mit ihrem Wurf vorerst in Ruhe zu lassen, da sich dieser Zustand von allein sehr schnell wieder normalisiert. Überschreitet die Aggression aber das tragbare Maß, sollte der behandelnde Tierarzt aufgesucht oder, noch besser, nach Hause gebeten werden. Mit Hormonpräparaten kann dieser

natürliche, schutzbedingte Muttertrieb notfalls beeinflusst werden. Denn wenn die Mutter die Jungen zu sehr und zu lange von der häuslichen Umwelt abschirmt, werden sie wiederum zu wenig auf menschlichen Kontakt geprägt.

Normalerweise erreicht die maternale Aggression ihren Höhepunkt ab der dritten Lebenswoche der Welpen. Denn dann sind die Kleinen einerseits bereits selbstständig genug, um das Nest krabbelnd zu verlassen, andererseits aber noch lange nicht fähig, sich selbst zu verteidigen oder bei Gefahr schnell genug zu flüchten. In dieser Zeit ist das Risiko für die Welpen unter naturbelassenen Umständen so hoch wie nie. Bereits mit fünf Wochen flitzen die Kleinen dermaßen wendig umher, dass die Mutter gelassener wird und ihnen weitaus mehr Freiraum gestattet.

Nebenbei bemerkt ist es normal, dass die Mutter nur selten nach dem Säugen bei ihren Welpen liegen bleibt, sondern sich in einiger Entfernung vom Lager niederlässt. Auf diese Weise bemerkt sie sich nähernde potenzielle Feinde frühzeitig und kann schneller reagieren.

Transport- und Kopulationsbiss

Zum Tragen der Welpen verwendet die Mutterkatze den sogenannten Transportbiss. Die Jungen verfallen beim Transportbiss in eine Tragestarre. Dies bedeutet nicht, dass sie im wahrsten Sinne des Wortes erstarren. Sie zappeln nur einfach nicht, rollen sich ein wenig zusammen und ziehen die Hinterbeine an. So

Der Biss, mit dem der Kater die Kätzin beim Deckakt im Nacken hält, ist im Prinzip der gleiche wie der Transportbiss, den die Mutter bei ihren Welpen anwendet. (Foto: Schanz)

kann die Mutter die Jungen problemlos transportieren. Werden die Jungen mit zunehmendem Alter zu schwer und zu groß, als dass die Mutter sie noch auf diese Weise tragen könnte, schreckt Frau Mama auch nicht davor zurück, die kleinen Ausreißer entschlossen am Hinterbein zu packen und sie zurück „ins Nest" zu schleifen.

Den Transportbiss führt die Katzenmutter mit den Eckzähnen (auch Fangzähne genannt) aus. Sie packt die Jungen im Nackenfell. Der Transportbiss und der sogenannte Kopulationsbiss, also der Biss, mit dem der Kater die Kätzin beim Deckakt im Nacken hält, sind in der Ausführung ein und dasselbe. Und: Der Transport- wie auch der Kopulationsbiss unterscheiden sich nur in einem einzigen Punkt vom Tötungsbiss, nämlich in seiner Hemmung. Bei seiner Anwendung als Tötungs-

biss werden die Eckzähne zum Fangen und Töten der Beute eingesetzt und bohren sich in den Körper des Opfers. Beim Kopulationsbiss kann es daher bei unerfahrenen Katern auch mal zu einem Unfall kommen, wenn der Kater den Biss zu intensiv – oder anders gesagt: zu wenig gehemmt – anwendet und die Kätzin dabei verletzt.

Die Grenze zwischen Transport- und Tötungsbiss ist also fließend! Denken Sie daran, wenn Sie Ihre (erwachsene) Katze im Nacken greifen – sei es, um sie beim Tierarzt zu fixieren oder aber weil Sie denken, Sie könnten auf diese Art und Weise erzieherisch auf sie einwirken. Da Sie bei einer ausgewachsenen Katze recht kräftig zupacken müssten, um das Gewicht der Katze zu tragen, erreichen Sie beim Tier einzig das Gefühl, es würde mit einem „ungehemmten Biss" gepackt. Wenn man diese Hintergründe bedenkt, wird plötzlich verständlich, warum viele Katzen dann erst recht anfangen, „auf Leben und Tod" zu kämpfen. „Unkooperative" Katzenpatienten, die jeden Tierarztbesuch zur Tortur werden lassen, sollte man zur Abwechslung mal überhaupt nicht festhalten oder nur locker das Nackenfell ein wenig anheben und ganz leicht schüttelnde Bewegungen machen. Es ist erstaunlich, wie gut das dann meistens funktioniert!

Und auch in Sachen „Katzenerziehung" sollten wir uns solch einen Nackengriff verkneifen. Wir können es einfach nicht so wunderbar dosiert wie Mutter Katze! Und was nützt uns ein Stubentiger, der zwar nie wieder auf den Tisch springt, aber dafür auch nie wieder auf unseren Schoß, weil wir sein Vertrauen verspielt haben? Was für Katzenwelpe und Katzenmutter stimmt, muss für Katze und Mensch noch lange nicht richtig sein.

Huch! Was sind denn das für Methoden?! Im Nackenfell packen – pah! Das ist einfach zu profan! Ich habe das einmal mit meiner Mitkatze Anima gemacht. Das war zu der Zeit, als ich merkte, dass die Hormone in mir erwachten. Ich kann euch sagen, ich habe von ihr *mächtig was auf die Ohren* bekommen! Das war gar nicht lustig …

Der Blickkontakt ist entscheidend mit dafür verantwortlich, ob sich eine Situation zwischen zwei Katzen zuspitzt oder ob sie entschärft wird. (Foto: Schanz)

Blickkontakt

Sicher haben Sie bei den vorangegangenen Beschreibungen bemerkt, dass die Unterscheidung zwischen Angriff und Abwehr bei Katzen entscheidend durch den Blickkontakt beeinflusst wird. Anstarren provoziert. Umherschauen kann Situationen entschärfen oder Auseinandersetzungen vermeiden. Blinzeln vermag anzustecken und Friedfertigkeit zu signalisieren, denn es ist das „Lächeln der Katzen". Wir sollten uns dessen im täglichen Umgang mit unseren Katzen sehr bewusst sein. Probieren Sie es einmal aus. Wenn Ihre Katze mit irgendetwas sehr beschäftigt ist, schauen Sie ihr mal intensiv zu und lassen Sie sie dabei nicht aus den Augen. Sie wird ihre Tätigkeit innerhalb kurzer Zeit abbrechen und nicht selten beleidigt davonlaufen. Warum? Weil wir – aus Sicht der Katzen – mit unseren Blicken einfach zu aufdringlich und ungemein unhöflich waren!

Wir können den Blickkontakt positiv einsetzen, indem wir die Katze anblinzeln oder dann weg-

schauen, wenn die Katze sich zu eindeutig beobachtet fühlt. Ängstliche Katzen kann man beruhigen, indem man immer dann den Blick abwendet und „umherschaut", wenn sie einen anschauen. Und mit einem starren, fixierenden Blick können Sie Ihren kleinen Wildfang daran hindern, Ihnen hemmungslos in die Hand zu beißen.

Oder haben Sie sich auch schon mal gefragt, warum Ihre Katze, die sonst gar nicht so gern zu Fremden geht, sich immer und immer wieder ausgerechnet zu dem Besucher magisch hingezogen fühlt, der sich am wenigsten aus Katzen macht? Beobachten Sie doch nächstes Mal ein wenig genauer, was da abläuft: Sicher werden Sie feststellen, dass dieser Besucher Ihre Katze wortwörtlich „keines Blickes würdigt". Und gerade das macht ihn aus Katzensicht zu einem derart zuvorkommenden, höflichen Menschen, dass Ihre Katze ihm unbedingt zeigen muss, wie sehr sie seine Art schätzt.

Weitere Kommunikationsmittel

Kratzen/Krallenwetzen

Stellen Sie sich vor, Sie möchten verhindern, dass Ihre Katze am Sofa kratzt. Welche Mittel, sich ihr verständlich mitzuteilen, stehen Ihnen zur Verfügung?

Sie sagen streng: „Nein!" Die Katze schaut Sie noch nicht mal an und kratzt weiter. Sie stürzen herbei und verscheuchen sie. Ihre Katze wirft Ihnen einen Blick zu, der sagt: „Bist du von allen guten Geistern verlassen, mich so zu erschrecken?", und kratzt weiter, sobald Sie außer Sichtweite sind. Oder packen Sie sie gar im Genick? Diesen wortwörtlichen Fehlgriff werden Sie früher oder später mit dem Verlust der Freundschaft Ihrer Katze einbüßen. Sie probieren ein herzhaftes Fauchen aus und Ihre Mieze lacht sich über Ihren misslungenen Versuch halb tot. Und schon sind Sie an dem Punkt angelangt, an dem Sie zu profanen Hilfsmitteln greifen, wie beispielsweise der allseits beliebten Wasserspritzpistole. Leider bedingt auch diese

Erziehungsmethode, dass Sie stets schnell genug zur Stelle sind.

Spätestens nach ein paar Tagen wächst dann in Ihnen der Verdacht, dass die Katze ganz bewusst und absichtlich an dem schönen Sofa kratzt – nämlich mit dem einzigen Ziel, Sie zu ärgern.

Verlassen wir aber einmal unsere menschliche Perspektive (ungeachtet der Anschaffungskosten für ein neues Sofa) und schauen uns das weite Kommunikationsspektrum unserer Katze an, während sie in argloser Selbstverständlichkeit unsere Möbel ruiniert: Die Katze hängt sich mit den Vorderpfoten in den Stoff ein, streckt ihren Körper genüsslich durch, legt die Ohren wichtig nach hinten und beginnt, mit Kraft, Ausdauer und konzentrierter Miene zu kratzen. Dabei werden die Krallen der beiden Vorderpfoten abwechselnd durch das Material gezogen. Abgesehen davon, dass diese Bewegung des Einziehens und Ausfahrens der Krallen die Katze fit hält und den ganzen Körper durchdehnt, wird sie gleichzeitig die alten, abgenutzten Krallenhülsen los, unter denen die neuen, scharfen Krallen bereits nachgewachsen sind. Die Kratzspuren, die sie dabei hinterlässt, sind nicht nur eine – für Menschen und andere Katzen! – deutlich sichtbare Markierung, sondern haben für Artgenossen auch noch geruchlichen Signalcharakter, denn an den Unterseiten der Pfötchen befinden sich zwischen den Zehen kleine Duftdrüsen, und zusammen mit den Schweißdrüsen auf den Ballen ergibt sich daraus ein ganz individueller, einzigartiger Duft.

Und während wir händeringend um den Erhalt unseres Sofas kämpfen, hat die Katze mit „nur" ein paar schnellen, flüchtigen Kratzern „Multi-Task-Kommunikation" in Vollendung betrieben und ihre Rechte, Ansprüche und ihren Status geltend gemacht mit

- einem visuellen Signal durch die spezielle Körperhaltung beim Kratzen,
- dem visuell erkennbaren Hinterlassen von Kratzspuren und
- der olfaktorischen (geruchlichen) Duftübertragung mit Mitteilungswert.

Dass diese Art der innerartlichen Kommunikation bestens funktioniert, sehen wir in Haushalten mit mehreren Katzen: Kaum hat die eine Katze gekratzt, sehen sich die anderen Samtpfoten sofort dazu angehalten, an genau dieser Stelle der gleichen Tätigkeit nachzugehen. Kratzen wirkt also ansteckend. Dabei werden Markierungen bestätigt, die Duftstoffe der anderen Katze/n aufgenommen und mit dem eigenen Individualduft überstrichen und vermischt. So entsteht ein gemeinschaftlicher Anspruch, ein Austausch individuellster Markierungen. Und somit findet eine soziale Kommunikation statt.

Manche Katzen, die als Einzeltiere in Wohnungen leben, finden auch schnell heraus, dass der Mensch ganz ähnlich wie ein Artgenosse reagiert: Kaum kratzt die Katze an den Möbeln, kommt der Mensch angeschossen – und schenkt ihr volle Beachtung. Wenn das mal keine gelungene Interaktion ist! Die schlaue Mieze wird sich merken, dass ihr dieses Verhalten die ganze Aufmerksamkeit ihres Menschen einbringt und die Langeweile schlagartig beendet. Denn ob Sie lieblich säuselnd oder laut fluchend angerannt kommen, ist zweitrangig. Fakt ist: Die Katze steht im Mittelpunkt des Geschehens. Sie finden das

Das Krallenwetzen dient nicht in erster Linie der Pflege der Krallen, sondern der Kommunikation. (Foto: Schanz)

alles zwar recht interessant, aber noch mehr würde Sie vermutlich interessieren, was man denn nun tun kann, um die Katze vom Kratzen an den Möbeln abzuhalten?

• Schaffen Sie genügend adäquate Kratzmöglichkeiten für die Katze. Dies können Kratzbäume sein, aber auch dicke Äste oder ein aus rangierter Gartensessel aus Weidengeflecht. Die Vorlieben der Katzen sind sehr verschieden. Geeignet ist, was die einzelne Katze zum Kratzen veranlasst!
Wichtig ist, dass die Kratzgelegenheit lang genug ist, damit sich die Katze beim Kratzen

in voller Länge strecken kann. Auch beim Material weichen die Vorlieben der Katzen extrem voneinander ab. Eigentlich zeigt Ihnen die Katze, welche Materialien sie bevorzugt, indem sie an entsprechenden Möbelstücken kratzt. Staffieren Sie „Kratzzonen" und Kratzbäume mit genau diesen Materialien aus. Die eine Katze bevorzugt Sisal oder Kokosmatten, die andere weiche, fein gewebte Stoffe.

• Wählen Sie den passenden Platz.
Gekratzt wird am häufigsten in der Nähe des Sitzplatzes am Fenster, von dem aus fremde Katzen und vorbeifliegende Vögel beobachtet werden. Gekratzt wird außerdem beim Erwachen von einem Nickerchen, also neben der Schlafstätte. Dementsprechend sollten die Kratzgelegenheiten neben den Fenstern und dem Liegeplatz stationiert sein, um ihren Zweck zu erfüllen. Ein Kratzbaum in der hintersten Ecke eines Zimmers wird selten genutzt. Auch an strategisch wichtigen Durchgängen und Engpässen der Wohnung (Eingang zum Wohnzimmer, zur Küche, nahe der Haustür) wird gern gekratzt, sodass es sich bewährt, auch dort für akzeptable Kratzmöglichkeiten zu sorgen. Dazu kann man Kratzmatten an den Wänden befestigen. Manche Katzen sind auch mit einem Stück Karton sichtlich zufrieden.

• Ermutigen Sie die Katze, an den für sie vorgesehenen Orten zu kratzen, indem Sie selbst mit den Fingernägeln darüberfahren.
Wie wir wissen, ist Kratzen ansteckend und animiert die Katze zum Mitmachen. Sind die ersten eigenen Spuren und Düfte am neuen Kratzbaum vorhanden, wird die Katze

darum bemüht sein, diese regelmäßig „auf-
zufrischen".

- Erwischen Sie Ihre Katze dennoch beim Kratzen an Möbeln, bestrafen Sie sie bitte nicht mit
Anschreien, Schütteln im Genick oder Ähnlichem.
Die Katze lernt schnell, dass sie nur „hinter
Ihrem Rücken" – also während Ihrer Abwesenheit – kratzen kann. Die oft empfohlene
Wasserspritze hat ebenfalls nur begrenzte Wirk-
samkeit. Ihre Mieze ist nicht dumm! Sie sieht
genau, ob Sie die Spritzflasche in der Hand halten oder nicht. Und die Katze weiß ganz genau,
dass Sie es sind, die damit spritzen. Subtile
Mittel sind wirkungsvoller und bewahren die
Freundschaft!

- Gestalten Sie unerwünschte Kratzstellen
unattraktiv.
Bringen Sie zum Beispiel leicht ablösbares,
doppelseitiges Klebeband (erhältlich in jedem
Baumarkt) oder Alufolie an. Je nach Oberflä-
chenbeschaffenheit muss eventuell zum Schutz
des Mobiliars zunächst eine Plastikfolie ange-
bracht werden.

- Verwenden Sie natürliche Möbelpflegepro-
dukte mit Zitrus- oder Eukalyptusgeruch, den
die Katze als unangenehm empfindet und
daher meidet.

- Stellen Sie den wertvollen Gobelinsessel in
eine Ecke der Wohnung, die „kratzunwürdig"
ist (siehe oben).

- Manche Katzen lassen sich ganz einfach vom
Kratzen abhalten, indem man genau vor der
bevorzugten Stelle Futter anbietet.

- Ablenken bringt nichts.
Versuche, die Katze mittels Spiel oder Futter
vom Kratzen „abzulenken", können bewirken,

*Auch der Platz, an dem der Kratzbaum aufgestellt wird,
entscheidet darüber, ob die Katzen ihn annehmen. Die
Nähe zum Fenster ist ideal.
(Foto: Schanz)*

dass das Tier das Kratzen als „Mittel zum
Zweck" einsetzt, um von Ihnen das Gewünsch-
te zu erhalten. Spielen Sie grundsätzlich viel
mit Ihrer Katze. Ausgelastet und zufrieden
wird sie weniger schnell auf „dumme Ideen"
kommen.

- Blickkontakt bei selbstbewussten Katzen.
Selbstbewusste Tiere – aber bitte nur solche! –
kann man vom Kratzen abhalten, indem man
sie „anstarrt". Blickkontakt ist wie schon
erwähnt ein wichtiges Mittel der Katzenkom-
munikation, und indem Sie der Katze starr in die
Augen schauen, übermitteln Sie ihr, dass das
„Ihr Sofa" ist, an dem sie nichts zu suchen hat.

Auch wenn die meisten Katzen es hassen: Die geschlossene Tür ist manchmal eine gute Lösung, um das „Revier" im Haus interessant zu gestalten.
(Foto: Schanz)

„Katzenfreie Zonen" einrichten

In manchen Haushalten gibt es Plätze, die die menschlichen Bewohner definitiv und uneingeschränkt als „katzenfreie Zone" deklarieren. Warum auch nicht? Draußen ist es für die Katze nicht anders: Dort gibt es zum Beispiel eine andere Katze, die den Zutritt zu „ihrem" Revier vehement abwehrt. Ein anderer Garten kann nicht durchquert werden, weil es sich dort ein Hund zum Hobby gemacht hat, Katzen zu jagen. Doch wie lernt eine Katze, dass der Mensch gewisse Ansprüche auf sein Eigentum stellt? Als Grundregel gilt: „Subtile Mittel" sind immer besser und wirkungsvoller als jede Strafe.

Manche Katzen lassen sich durch folgende Methode davon abhalten, auf den Schreibtisch zu springen: Wenn man die Katze „in flagranti" auf dem Tisch erwischt, kann man genau die Stelle, an der sie saß, intensiv abschnuppern und ihr dann einen strengen, fixierenden Blick zuwerfen. Andere Katzen sind nicht so einfach zu beeindrucken, doch auch für hartnäckige Exemplare gilt: „Mies machen" ist besser als jede Strafe.

Darf die Katze zum Beispiel nicht aufs Bett, legt man Plastikfolie darüber (Baupläne oder Ähnliches gibt es für wenig Geld in jedem Handwerkerfachmarkt) und beklebt sie kreuz und quer mit doppelseitigem Klebeband. Sobald die Katze hinaufspringt, kleben ihre Pfötchen an diesem ekelhaften Zeug fest. Mit ein wenig Konsequenz und Ausdauer lernt sie schnell, dass das Bett ein recht ungemüt-

licher, wenig attraktiver Ruheplatz ist. Große Pflanzentöpfe kann man mit speziell dafür gefertigten, im Zoofachhandel erhältlichen Abdeckgittern vor kätzischen Übergriffen schützen. Wenn die Tabuzone zum Beispiel ein frisch angelegtes Gartenbeet ist, kann eine „Kaffeesatzspur" ausgelegt werden. Beim Betreten gelangt der Kaffeesatz in die feinen Haare zwischen den Pfotenballen. Die Katze leckt sich daraufhin sauber, und da sie den Kaffeesatz als höchst widerlich empfindet, wird sie nach einigen solchen Erlebnissen die entsprechenden Stellen im Garten meiden. Um Sandkästen zu schützen, kann man Tonic Water verwenden.

Ich persönlich habe die Erfahrung gemacht, dass Verbote auf Katzen wie ein Magnet wirken. Alles, was strikt untersagt ist, wird wie eine Art „Hobby" immer und immer wieder ausprobiert, manchmal demonstrativ vor den Augen des Besitzers, manchmal „heimlich" in dessen Abwesenheit. Achten Sie darauf, dass Sie nicht auf dieses „Mensch-ärgere-dich-nicht-Spiel" hereinfallen. So können Sie der Katze den Esstisch ganz einfach vermiesen, indem Sie jede unangenehme Prozedur, sei es das Auftragen des Antiparasitenmittels, das Bürsten, Krallenschneiden, Entfernen von Zecken oder Verabreichen von Tabletten dort durchführen – schon verliert dieser Ort seinen Reiz.

Grundsätzlich gilt bei jeder erzieherischen Maßnahme: Sie müssen mehr Ausdauer an den Tag legen als die Katze. Ein oder zwei Tage reichen nicht aus. Wie lange es dauert, bis untersagte Orte dauerhaft gemieden werden, hängt von der menschlichen Konsequenz ab – und natürlich von der Beharrlichkeit der Katze. Geduld zahlt sich aus! Auch wenn „Strafen" schneller zum Ziel führen: Sie gehen auf Kosten des Vertrauens zwischen Mensch und Katze. Manchmal kurzfristig, aber leider auch sehr oft dauerhaft.

Analbeutelsekret

Eine weitere Möglichkeit der Übermittlung von Botschaften besitzen Katzen mittels des Drüsensekrets ihrer Analbeutel. Dieses Sekret kann nicht gewollt versprizt werden. Beim Zusammenziehen der Muskulatur am Anus, also wenn die Katze Kot absetzt, kann und sollte der Inhalt der Beutel normalerweise entleert werden. Dieses Sekret besteht aus einer fettigen Flüssigkeit und aus zerfallenen Zellen. Für die menschliche Nase riecht es – gelinde ausgedrückt – unangenehm. Der Katze dient es zur individuellen Markierung.

Es kann vorkommen, dass die Analdrüsen verstopft sind und sich nicht mehr selbstständig entleeren, was häufig dazu führt, dass die Katze sich unentwegt am Hinterteil leckt oder sitzend über den Boden rutscht. Der Tierarzt sollte die Analbeutel dann manuell ausdrücken. Dies ist zwar keine angenehme Prozedur, aber danach fühlt sich die Katze sichtlich wohler.

Leben mehrere Katzen in einem Haushalt und das Verhältnis untereinander ist getrübt, kann zumeist die in der Rang- oder Revierordnung unterlegene Katze unter Umständen vermehrt nach diesem Sekret riechen. Unbewusst besitzt sie also in dieser Situation nicht die Selbstsicherheit, die Drüsen zu entleeren und ihren Kot mit „ihrer Visitenkarte" zu versehen. Über längere Zeit anhaltender Durchfall kann ebenfalls zu einer Verstopfung der Analbeutel und in der Folge zu einer Entzündung führen. Manche Katzen reagieren daraufhin mit Unsauberkeit.

Diese Thematik ist nicht zu verwechseln mit dem sogenannten Fettschwanz, der fast ausschließlich bei unkastrierten Katzen auftritt. Kastrierte Tiere sind nur selten betroffen. Er entsteht durch die Absonderung eines fettigen Talgs an den Drüsen der Schwanzwurzel. Entzündet sich die Stelle, bereitet sie der Katze Unbehagen. Der Fettschwanz wird mit Einpudern, schlimmstenfalls Waschungen behandelt. Bei Ausstellungstieren führt er zu Punktabzug.

Reiben und Anschmusen

Doch die Katze besitzt noch weitaus mehr – und für die menschliche Nase nicht wahrnehmbare – Möglichkeiten, Botschaften zu hinterlassen. Durch die Talgdrüsen an den Schläfen, den Backen, an den Maulecken, am Kinn und am Rücken vor der Schwanzwurzel erhält sie ihren körpereigenen Geruch, der durch Reiben und Anschmusen auf Gegenstände, Artgenossen oder auf Menschen übertragen wird. Untereinander vertraute Tiere begrüßen sich mit einem gegenseitigen, sanften Nasenstüber, mit Köpfchen-Geben oder Köpfchen-Reiben oder, wenn es ein wenig reservierter ausfallen soll, mit Fell-schnüffeln oder Analkontrolle.

Ich persönlich bin ein ausgesprochener Schuhfetischist. Es ist nicht nur der Duft nach meinem Menschen – auch die *Gerüche*, die von draußen mit hineingetragen werden, *sind so spannend*! Ich wälze und reibe mich, bringe dadurch meinen eigenen Duft dazu, und daraus entsteht ein herrliches Gemisch, das mir versichert: Wir gehören alle zusammen! Hier bin ich daheim.

Die Talgdrüsen an verschiedenen Körperstellen sorgen dafür, dass beim Streichen um die Beine der „eigene" Mensch mit dem Katzengeruch markiert wird. (Foto: Schanz)

Geruchs- und Geschmackssinn

Der Geruchssinn ist bei Katzen für die Beurteilung der Nahrungsqualität, daneben aber hauptsächlich im sexual-sozialen Bereich von tragender Bedeutung. Bei „Duftmarken" ist die Kombination aus sichtbaren und geruchlich wahrnehmbaren Signalen eine sinnige Einrichtung der Natur! Mittels spezieller körpersprachlicher Signale kann der „unmittelbare Zuschauer" erkennen, was die Katze mitteilen möchte. Zudem halten die hinterlassenen chemischen Duftstoffe sehr lange an, sodass die Katze sich auch denen mitteilen kann, die nicht gerade zugesehen haben. So stellt die Natur sicher, dass zum einen potenzielle Sozialpartner unmittelbar und unmissverständlich angesprochen werden; und zum anderen wirken die geruchlichen Hinterlassenschaften wie „Kontaktinserate" noch lange nach.

Wenn eine Katze ausgiebig an einer Stelle schnüffelt oder leckt, hat sie Informationen über einen Artgenossen aufgespürt, die es zu analysieren gilt. Wie viele andere Säugetiere besitzt sie ein spezielles Organ im oberen Gaumen, das sogenannte Jacobson'sche Organ, mit dem Sexualduftstoffe wahrgenommen werden. Damit sich der Geruch intensiviert und vom Jacobson'schen Organ aufgenommen und ausgewertet werden kann, flehmt die Katze. Dabei werden die Maulecken nach hinten gezogen und der Mund wird geöffnet. Die Katze ist hoch konzentriert und man könnte meinen, sie grinst.

Wälzen und Rollen

Durch das Wälzen und Rollen drückt die Katze gern ihr Wohlbehagen aus. Gleichzeitig kennzeichnet sie den Ort mit ihrem Duft und nimmt im Gegenzug den Geruch des Ortes an. Auch bei sehr entspanntem, stressfreiem Spiel rollen Katzen sich auf den Rücken und angeln kopfüber nach dem Spielobjekt.

Auch bei der paarungsbereiten weiblichen Katze hat das Wälzen auf dem Boden während der Rolligkeit gleich mehrere Funktionen. Der auserwählte Sozialpartner – sei dies nun ein männlicher Artgenosse oder ersatzweise der Mensch – wird auf drei Kommunikationskanälen gleichzeitig angesprochen: Auf dem visuellen durch einen eindeutigen Bewegungsablauf (Rollen am Boden, Reiben der Wangen), häufig unterstützt durch die Lautgebung (Schnurren, Gurren, Schreien). Außerdem werden olfaktorische (geruchliche) Signale hinterlassen. Sicher ist eben sicher bei so wehrhaften Einzelgängern. Übrigens: Auch nach einer Kastration zeigen viele Katzen noch abgeschwächte Zeichen der zweimal jährlich auftretenden Rolligkeit.

Warum wird all dieser Aufwand für die Kommunikation im sozialen Bereich betrieben, wenn doch die Katze ein ausgesprochener Einzelgänger ist? Gerade bei Tieren, die nicht in Verbänden, Rudeln oder Herden leben, ist es wichtig, dass die Kontaktaufnahme zum Artgenossen ohne Risiken und ohne Missverständnisse abläuft, denn eine falsch verstandene Meldung könnte schwere körperliche Verletzungen nach sich ziehen. Aber wie sieht es nun mit unseren Katzen aus? Sind sie wirklich „unsozial", wie oftmals behauptet wird? Kein Säugetier kann überhaupt unsozial sein, denn wie der Name schon sagt, wird die Nachkommenschaft gesäugt. Es wird also ein ganz enormer Aufwand für die Aufzucht betrieben! Wäre ein Tier unsozial, wäre diese Art der Pflege von Nachkommen gar nicht möglich.

Die häufig beobachtete solitäre Lebensweise der Katze hat nur sehr wenig mit sozialen Hintergründen zu tun als vielmehr zum Beispiel mit ihren Ernährungs- und Jagdstrategien. Katzen ernähren sich in der freien Natur primär von kleinen Säugetieren. Es wäre kontraproduktiv, eine Maus in der Gruppe zu mehreren Tieren zu jagen, zumal eine einzige Maus nicht mehrere Tiere sättigen kann. Also jagen Katzen allein. Und da die Jagd einen Großteil des Lebens ausmacht, erscheint nach außen das Bild eines solitär lebenden Tieres. Doch der Schein trügt. Schauen wir

Der Geruchssinn einer Katze ist exzellent ausgebildet und liefert ihr diverse Informationen, auch wenn der „Bote" der Nachricht schon längst weit weg ist. (Foto: Schanz)

Ein Zeichen von Wohlbehagen und Entspannung ist das Wälzen, bei dem die Katze außerdem ihren Duft am Boden hinterlässt. (Foto: Schanz)

uns deshalb das verborgene soziale Leben der Katze einmal etwas genauer an.

Katzen sind durchaus sehr soziale Wesen. Vielleicht wird dies gerade deshalb so häufig verkannt, weil sie derart vielfältige, verschiedene und subtile Sozialstrukturen kennen.

Beobachtungen an domestizierten Hauskatzen haben gezeigt, dass die Katze eine Anpassungskünstlerin ist. Bei Bauernhofkatzen, bei denen der Einfluss des Menschen nicht direkt zum Tragen kommt, wandern die Männchen ab, sobald sie geschlechtsreif sind. Heranwachsende Weibchen bleiben häufig im Revier der Mutter und leben in Gruppen. In den großen, verwilderten Katzenkolonien, die beispielsweise an Ausgrabungsstätten oder auf Industriearealen zu finden sind, besteht eine Rangordnung von kleinen, matriarchalischen (mutterrechtlichen) Gruppen.

(Foto: Fotonatur.de/Meyer)

Soziale Strukturen

Das Revier von Freilaufkatzen

Das klassische Revier einer Hauskatze sieht folgendermaßen aus: Ein Katerrevier ist ungefähr dreimal so groß wie das einer Kätzin und es kann ein oder mehrere Weibchen-Reviere beinhalten. Das Revier einer auf dem Land lebenden Katze ist durchschnittlich einen halben bis einen Quadratkilometer groß. Weibchen verteidigen ihr Revier weitaus vehementer als Kater, und die Grenzen sind viel strenger abgesteckt. Sie haben

naturgegeben „mehr zu verlieren", denn sie brauchen ein sicheres Revier für die Jungenaufzucht. Dies gilt bedingt auch für kastrierte Weibchen.

Innerhalb des Reviers existiert ein „Heim erster Ordnung", sozusagen der Zellkern, in dem es mindestens einen gesicherten Schlafplatz gibt und die Jungenaufzucht durchgeführt werden könnte. Das kann das ganze Haus, die Wohnung, aber auch nur ein einzelnes Zimmer oder eine ruhige Ecke sein. Den Rest des Reviers nennt man Streifgebiet, das von einem ausgeklügelten Wegenetz

Obwohl – oder gerade weil – die Katze ein ausgesprochener Einzelgänger ist, hat die soziale Kommunikation eine sehr wichtige Bedeutung. (Foto: Schanz)

durchzogen ist. Diese „Trampelpfade" führen zu den attraktivsten Orten innerhalb dieses Gebietes: ein Feld, auf dem gejagt wird, oder ein Komposthaufen, bei dem es viele dicke, fette Mäuse zu erhaschen gibt. Es kann aber auch ein bevorzugter Beobachtungsposten oder ein sonniges Plätzchen zum Faulenzen sein.

Das Wegenetz, das zu all diesen Orten innerhalb des Streifgebiets führt, wird regelmäßig abgelaufen und auch von anderen Katzen genutzt. Allerdings nicht zur gleichen Zeit! Begegnungen werden möglichst vermieden, und es gilt das ungeschriebene Recht: Wer zuerst da ist, hat als Erster das Wegerecht! An unübersichtlichen

Stellen kann es auch mal unerwartete Zusammen-treffen oder gar Auseinandersetzungen geben. Aber diese beziehen sich allein auf genau diesen Ort und diese Zeit. Die unterlegene Katze kann an anderer Stelle und zu anderer Zeit durchaus die Überlegene sein, denn je mehr sie sich dem Zentrum ihres Reviers nähert, umso stärker und selbstbewuss-ter wird sie. Auf diese Weise ist sichergestellt, dass eine Katze eine andere nicht aus ihrem Revier vertreiben kann.

Lieblingsplätze im Revier werden immer wieder aufgesucht. Die Begegnung mit anderen Katzen wird dabei vermieden. (Foto: Schanz)

Geselliges Beisammensein

Von Katzen, die sowohl auf Bauernhöfen als auch im Haushalt leben, ist bekannt, dass sie manchmal zusammenkommen, einfach um ein wenig beieinanderzusitzen. Paul Leyhausen nannte dies: „Geselliges Beisammensein". Katzen wie auch Kater ziehen los, überschreiten die Grenzen ihrer Reviere, unabhängig davon, ob gerade Paarungszeit ist oder nicht, und treffen sich an einem neutralen Ort. Dann sitzen sie einfach nur in einem gewissen, die Individualdistanz wahrenden Abstand da, oft stundenlang. Die Stimmung ist ruhig, friedfertig. Dabei besteht keine Hierarchie. Und dann trennt man sich wieder. Kater und Katzen gehen zurück in ihre Reviere und in ihr eigentliches Leben. Womöglich lagen bei diesem geselligen Zusammensein gerade zwei Kater friedlich beieinander, die eigentlich miteinander „spinnefeind" sind. Warum? Man weiß es nicht.

Das „Revier" von Wohnungskatzen

Die in Zeit und Ort unterteilte Revierordnung erlangt bei Verhaltenstherapien bei Wohnungskatzen nicht selten große Wichtigkeit. Zumeist handelt es sich um Haushalte mit mehreren Katzen, wobei eine der Katzen (oder auch mehrere) irgendwann zu markieren beginnt, stubenunrein wird, oder es herrscht „plötzlich" Katzenkrieg. Die Besitzer fragen sich: Was ist passiert?

Bei Freilaufkatzen wird das „Heim erster Ordnung" wie bereits erwähnt das Haus, die Wohnung, vielleicht auch nur ein einzelner Raum sein. Stellt man reinen Wohnungskatzen – wohlgemerkt in bester Absicht! – die ganze Wohnung räumlich und zeitlich uneingeschränkt zur Verfügung, besitzen sie zwar ein großes „Heim erster Ordnung", aber kein Streifgebiet. Alle Räume werden von allen Katzen gleichermaßen zu jeder Zeit genutzt. Dieser Umstand kann langfristig zu Problemen führen.

Die Therapie sieht in solchen Fällen eine Aufteilung der Wohnfläche und der Nutzungszeit vor. Oder anders gesagt: Wir versuchen, ein künstliches Streifgebiet zu simulieren. Es ist leider unmöglich, an dieser Stelle einen fixen „Therapieplan" zu erstellen, denn jede Wohnung ist anders konzipiert, jede Katzengruppe anders strukturiert, und nicht zuletzt muss das Ganze auf das Leben des Halters abgestimmt werden. Als „Faustregel" gilt: Freiraum und abwechslungsreiche Umgebung für die Katzen: ja! Aber bei Problemen genannter Art bitte einmal kritisch die Wohnung und die Nutzung durch die Katzen betrachten! Gibt es Individuen, denen durch Mitkatzen der Zutritt zu gewissen Räumen verwehrt ist? Werden einzelne Räume von einzelnen Katzen bevorzugt? Ist es möglich, einzelne Räume zu schließen und zum Beispiel nur einmal täglich für einige Stunden zur Verfügung zu stellen?

Sozusagen als „Zückerchen", als „Höhepunkt des Tages" darf in diesem Raum herumgestreift werden. Mit ein wenig Beobachtungsgabe bekommt man auf diese Art einen tieferen Einblick in die Beziehung der Katzen untereinander, und Probleme mit der Stubenreinheit können gelöst beziehungsweise vermieden werden.

Ich lebe hier mit zwei anderen Katzen. Aber eines kann ich euch sagen: *Das Sofa ist mein Refugium*! Es ist nicht nur bequem, man hat auch einen tollen Ausblick auf alle Spielsachen am Boden und in die anderen Räume. Keine Diskussion! Das Sofa teile ich auf gar keinen Fall!

Einfach ein wenig beisammen sein: Die genaue Bedeutung dieser Katzentreffen ist noch nicht geklärt. (Foto· Fotonatur.de/Meyer)

Das Revier beim Umzug

Mancher Besitzer einer Freilaufkatze wird sich vielleicht fragen: „Wenn doch diese ganze Revieraufteilung so komplex ist, soll ich die Katze überhaupt mitnehmen, wenn ich umziehe? Tue ich ihr damit wirklich einen Gefallen?" Meine Antwort lautet: „Ja, natürlich. Trotz allem!" Natürlich braucht es am neuen Ort wiederum eine Eingewöhnungszeit, und das bedeutet in der Regel vier bis acht Wochen „Hausarrest". Jedes Haus, jede Umgebung ist einzigartig – nicht nur optisch, sondern auch hinsichtlich seiner Gerüche und Geräusche. Alles muss erst einmal erkundet werden. Doch Katzen, die in enger Verbindung mit uns Menschen leben, sind unglücklich, wenn ihre Bezugsperson plötzlich verschwunden ist. Sie müssen sich nach neuen Möglichkeiten umsehen. Und dies ist nicht minder mit Umstellungen verbunden wie ein Umzug.
Selbstverständlich sind Katzen keine Nomaden und dementsprechend „ortsgebunden". Aber im Normalfall haben sie nichtsdestotrotz – so hoffe ich zumindest für jeden Katzenhalter! – zu ihren Menschen eine stärkere Bindung als zu einem Haus oder einer Wohnung. Das Tier am neuen Wohnort zu früh in den Freilauf zu entlassen, ist nicht empfehlenswert. Vermehrtes Schreien, gerade in den ersten zwei Wochen nach dem Umzug, deutet mehr auf Verunsicherung als auf den Drang nach Auslauf im Freien hin.

Trotz der vielen erstaunlichen Berichte, in denen Katzen nach etlichen Monaten und noch mehr Kilometern wieder nach Hause fanden, ist bis zum heutigen Tag nichts über ein spezielles „Heimfindevermögen" bekannt. Man weiß hingegen, dass die Chance, dass eine Katze nach Hause zurückfindet, sich ab einer Entfernung von fünf Kilometern drastisch verringert.

Diese Zeit, während die Katze ausschließlich im Haus gehalten wird, kann man wunderbar für ein „Heimkehrtraining" nutzen. Wir bedienen uns dazu des guten alten „bedingten Reflexes", der von dem Mediziner Iwan Petrowitsch Pawlow erforscht wurde. Wann immer die Katze eine Mahlzeit erhält, lässt man unmittelbar (eine halbe Sekunde) vor der Futtergabe ein ganz spezielles Geräusch ertönen. Das kann eine Glocke sein, ein Pfiff oder, wenn man selbst einen sehr geregelten Tagesablauf hat, kann man den Glockenschlag der Kirchturmuhr dazu nutzen und exakt in diesem Moment das Abendessen darbieten. Bereits nach ein paar (konsequenten!) Tagen wird der Glockenschlag – oder welches Geräusch auch immer – ausreichen: Kaum hört das Tier „sein Geräusch", kommt es in Erwartung des Futters in die Küche gedüst! Und wenn unser Schmusetiger dann erst einmal die Freiheit genießen kann, veranlasst ihn dieses Vortraining dazu, an 90 von 100 Tagen pünktlich daheim zu erscheinen. An den restlichen zehn Tagen hat die Katze gerade etwas Wichtigeres zu tun – und damit müssen wir Menschen eben leben …

Das Revier und die Stubenreinheit

Für viele Katzenhalter von großer Bedeutung ist das Thema Stubenunreinheit. Beschäftigen wir uns also erst einmal mit der Frage, wie eine junge Katze lernt, stubenrein zu werden.

Ein Umzug ist für die Katze immer mit Stress verbunden, doch man kann
ihr in der schweren Zeit mit ein paar einfachen Tricks sehr helfen.
(Foto: Schanz)

Eigentlich ist's ganz einfach. Sobald der Welpe Anzeichen zeigt, dass er „mal muss", nimmt man ihn und setzt ihn in die Katzentoilette. Ist einmal etwas danebengegangen, legt man das Geschäft ins Klo, damit der Kleine das nächste Mal den richtigen Weg findet. Bitte auf keinen Fall schimpfen, strafen oder gar die empfindliche Katzennase hineindrücken. Damit lernt das Katzenkind nur, dass es „was Schlimmes" ist, wenn es mal muss, und wird sich dementsprechend heimliche, versteckte Orte für sein nächstes Geschäft suchen. Bemerkt man, dass sich das junge Kätzchen dringend erleichtern muss, sich aber noch nicht so recht entschließen kann, wo, kann man einfach mit den Fingern ein wenig in der Einstreu scharren. Der Kleine ist ein Ausbund an Neugier und wird sicher angeeilt kommen, um zu sehen, was da so lustig scharrt. Und schon ist er da, wo er ja eigentlich hinwollte und -sollte: in der Katzentoilette.

Ist eine Katze nicht stubenrein, sollte zunächst die Anzahl der aufgestellten Katzentoiletten überprüft werden: Jede Katze benötigt zwei Klos, da sie in freier Natur nur ungern den Kot und den Urin am gleichen Ort absetzt. Für jede weitere Katze kommt eine weitere Toilette hinzu. Also bei zwei Katzen drei Toiletten, bei drei Katzen vier und so

weiter. Der Aufwand lohnt sich! Bitte denken Sie nicht: „Das kann bei mir nicht sein! Meine Katzen sind schon einige Jahre alt und beisammen, und eine Toilette hat ihnen bisher immer gereicht." Es kann jahrelang gut gehen, und plötzlich reicht es eben nicht mehr. Die Katzentoilette ist wie die Waschküche in einem Mehrfamilienhaus: ein potenzieller Konflikherd.

Auf die Einstreu ist insofern zu achten, als es Katzen gibt, die gewisse Vorlieben und Abnei-

Es gibt viele Ursachen, wenn eine Katze nicht stubenrein ist – von der abgelehnten Einstreu bis hin zum Standort zu dicht am Lieblingsliegeplatz. (Foto: Schanz)

gungen entwickeln. Man sollte verschiedene Streu-
arten ausprobieren. Ich fände es übrigens toll, wenn
die Hersteller der Katzeneinstreu „Mustersäcke"
anbieten würden, wie es Futterhersteller tun.

Sollte eine Katze plötzlich unsauber werden,
kann dem ein negatives Erlebnis mit oder auf
der Toilette zugrunde liegen. Vielleicht ist sie
maßlos erschrocken, oder sie hatte eine Blasenent-
zündung, sodass jeder Toilettenbesuch schmerzte.
Bieten Sie eine andere Toilette, unter Umständen
an einem anderen Ort und mit anderer Einstreu
an.

Hat eine Katze nie richtig gelernt, eine Toilette zu benutzen, oder hat sie es während eines
Tierheimaufenthaltes verlernt, kann man ihr am
Anfang „entgegenkommen" und auf die Einstreu
eine Schicht Blumenerde oder Sand geben. Nach
und nach wird der Anteil an Blumenerde verringert, bis die Katze die Einstreu kennt und ak-
zeptiert.

In den Fachgeschäften sind sowohl geschlossene als auch offene Katzentoiletten erhältlich.
Die geschlossenen Modelle sind mit einem Koh-
lefilter versehen und dienen mehr uns Menschen
als der Katze selbst. Es gibt Katzen, die solche
Toiletten problemlos akzeptieren; andere wiederum nicht.

Der Standort der Katzentoilette ist ebenfalls
bedeutend. Befinden sich Wasser- oder Fressnäpfe
oder sogar ein bevorzugter Liegeplatz in unmittel-
barer Nähe, wird die Katze das Klo meiden. Katzen sind sehr reinliche Tiere, und es ist für sie –
wie für uns ja wohl auch! – nicht akzeptabel, ihr
Geschäft dort zu verrichten, wo sie ihre Mahlzeiten zu sich nehmen oder am liebsten ihr Nickerchen machen.

Urin markieren nie ohne Grund!

Von der Stubenunreinheit zu unterscheiden ist
das Problem des Urinmarkierens. Der Unter-
schied liegt nicht in der Menge des abgesetz-
ten Urins, sondern ausschließlich in der Art
der Platzierung: Stubenunreine Tiere setzen
ihren Urin immer horizontal ab, während beim
Urinmarkieren eine vertikale Marke hinterlassen wird. Auch Weibchen und kastrierte
Kater können „spritzen". Dabei kann es sich
um ein paar Tröpfchen handeln, aber auch um
ganz schön starke Spritzer! Die „Höchstleis-
tung", von der ich bis jetzt gehört habe,
erreichte der unkastrierte Kater einer Kundin,
der es schaffte, ihr ins Gesicht zu spritzen,
während sie hinter ihm stand! Ich hoffe, Sie
lachen jetzt nicht, sondern empfinden ein
wenig Mitgefühl für diese Dame.
Wie der Name bereits sagt, geht es bei diesem
Spritzen um ein Markieren, nämlich des
Reviers und der darin befindlichen Gegenstände – dies kann der Wäschekorb mit sau-
berer oder dreckiger Wäsche sein, die Kaffee-
maschine oder der „leibeigene Dosenöffner".
Denkt man sich in solch einen Katzenkopf hin-
ein, wird relativ schnell klar: Wenn eine Katze sich innerhalb ihres Reviers sicher und auf-
gehoben fühlt, hat sie es nicht nötig, immer
wieder, schlimmstenfalls täglich, ihre Umgebung zu kennzeichnen. Es ist also irgendwas
im Busch! Was verunsichert das Tier so, dass
es sich selbst immer wieder sein Eigentum
bestätigen muss? Sind es „Diskussionen" mit
anderen Katzen im gleichen Haushalt? Oder
handelt es sich bei Ihrem „Markierbruder" um

eine Wohnungskatze, die sich fürchterlich aufregt, wenn ein Nebenbuhler prahlerisch vor dem Küchenfenster schwadroniert? Oder kennzeichnet Ihre Katze, weil sie sich allein durch den Einbau der neuen Katzentür verunsichert fühlt? Oder hatten Sie in den vergangenen Wochen ungewöhnlich wenig Zeit für Ihre

Samtpfote, und sie hat verstanden, dass – wenn nichts anderes hilft – eine duftige Markiernote ihr doch Ihre volle Aufmerksamkeit einbringt? In manchen Fällen ist die Suche nach dem Warum die reinste Detektivarbeit. Aber es gibt immer einen Grund. Lassen Sie sich bitte fachlich beraten.

Draußen kein Problem, im Haus oft ein Zeichen für große Unsicherheit: das Urinmarkieren.
(Foto: Schanz)

Soziale Strukturen 69

Katzen können intensive Freundschaften entwickeln, wenn sie charakterlich zueinander passen.
(Foto: Fotonatur.de/Meyer)

Wer passt zu wem?

Trägt man sich mit dem Gedanken, zu einer einzelnen Katze eine zweite zu adoptieren, geht es immer um die Frage: Wer passt zu wem? Es gibt durchaus Katzen, die lieber allein als Einzeltier bei ihren Menschen leben. Einen verstorbenen Spielgefährten einfach durch ein anderes Tier zu ersetzen, ist nicht grundsätzlich ratsam. Bestand zwischen dem verstorbenen und dem verbleibenden Tier eine innige Bindung, heißt das noch lange

nicht, dass ein neuer Artgenosse gleichsam willkommen ist.

Die beste Zusammenstellung erreicht man wohl, wenn man ein (Geschwister-)Paar, das sich bereits gut versteht, beieinanderlässt und beide Katzen zu sich nimmt. Hat man bereits eine erwachsene Katze, so wird diese am ehesten ein junges, maximal zweijähriges Tier akzeptieren. Allerdings sollte der Altersunterschied nicht zu groß sein, um zu vermeiden, dass sich die alteingesessene Katze durch einen jungen Spross genervt und gestresst fühlt.

Sicher ist es am einfachsten, einen Kater und eine Katze aneinander zu gewöhnen. Doch auch Kater untereinander können innige Freundschaften eingehen, ebenso wie zwei Weibchen. Man muss sich einfach darüber im Klaren sein, dass jedes Geschlecht seine „Verzwicktheiten" hat. Weibchen sind territorialer. Das Revier ist der Dreh- und Angelpunkt. Bei Katern geht es mehr um den sozialen Rang. Kastrierte Kater reagieren „weiblicher". Männliche Katzenwelpen bei ihrer Mutter zu belassen ist meiner Meinung nach die schwierigste Konstellation. Ist das Katzenkind erst einmal um die neun Monate alt, kann es durchaus sein, dass die Mutter zum Schluss kommt, es sei an der Zeit, das Jungtier zu vertreiben, damit es sich auf eigene Beine stellt und ein eigenes Revier sucht. In der Natur ist dies immerhin der normale Ablauf.

Weitaus wichtiger noch als das Alter und Geschlecht ist in meinen Augen die charakterliche Übereinstimmung. Zu einer extrem menschenbezogenen Schmusekatze sollte kein ebensolches Tier hinzugenommen werden: Konkurrenzsituationen sind dann vorprogrammiert. Zu einem energiegeladenen Wildfang passt am besten eine Jungkatze, die der Aktivität gewachsen ist, damit sich die beiden beim gemeinsamen Spiel bereichern können. Einem introvertierten Tier täte ein Artgenosse gut, dem die Gesellschaft einer anderen Katze wichtiger ist als die Bindung an den Menschen, um zu vermeiden, dass sich die introvertierte Katze gänzlich in einen Schmollwinkel verkriecht. Welche Kombination auch immer angestrebt wird: Ich kann nur jedem raten, sich beim Züchter oder im Tierheim eine Probezeit auszubedingen. Sollte der Neuankömmling dann so gar nicht nach dem Geschmack der alteingesessenen Katze sein, kann man das Ganze rückgängig machen. Denn Katzenfreundschaften sind nicht erzwingbar und beruhen auf reiner Toleranz.

Spiel und Ernst

So richtig diebischen Spaß macht Spielen erst, wenn ich vergesse, dass die Maus nicht echt ist! Und wenn mir gar nicht mehr auffällt, dass an der einzelnen Krähenfeder der Rest des Vogels fehlt! Dann komme ich so richtig ins Jagdfieber! Mein ganz persönliches Lieblingsspiel ist es, unter dem Teppich herumzuhangeln. So tun, als wäre es ein Mauseloch, in das man hineinhangelt. Einfach super! Manchmal stopfe ich meine Fellmäuse selbst unter den Teppich. Manchmal stochert mein Mensch mit einem Stäbchen herum, sodass es Beulen im Teppich gibt, die ich dann attackiere und überfalle.

Das Heranpirschen ist zwar angeboren, muss jedoch trainiert werden, damit es perfekt funktioniert.
(Foto: Schanz)

Warum Katzen spielen

Bei höher entwickelten Säugetieren hat das Spiel die Funktion, die gleichen Bewegungen, Verhaltensweisen und so weiter – schlicht das ganze Verhaltensrepertoire – wie auch im Ernstfall einzusetzen und zu trainieren. Der Ernst des Lebens wird sozusagen geprobt und die Grenzen, sowohl die eigenen als auch die des Spielpartners, werden ausgetestet.

Die motorischen Bewegungen des Beutefangs – wie Verfolgen, Anschleichen, Auflauern, Fassen, Packen, Herumtragen – werden nicht im herkömmlichen Sinne „erlernt", sondern sie „reifen". Diese jagdlichen Teilhandlungen sind dem Kätzchen angeboren. Während der Reifung übt es eigentlich „nur" noch, diese Handlungen adäquat, zielsicher und vor allem erfolgreich einzusetzen. Dabei werden außerdem die Muskulatur, die Knochen und das Herz-Kreislauf-System gestärkt und trainiert.

Alle Jagdbereiche reifen nach und nach heran. Bei unseren Hauskatzen kann man eine überwiegende, jedoch nicht bindende Reihenfolge erkennen: Zuerst trainiert das Kätzchen alle Handlungen, die mit dem Verfolgen und Zupacken zu tun haben. Danach folgen die „Feinschliffarbeiten" wie das Anschleichen und Belauern. Erst ganz zum Schluss reift die Handlung des Tötens. Diese Reihenfolge hat Hand und Fuß: Wachsen die Katzenwelpen im Normalfall mit Geschwistern auf, so trainieren sie alle Handlungen auch gegenseitig aneinander. Damit keines der Geschwister dabei ernsthaft verletzt wird, reift die Tötungshandlung erst zum Schluss. Bei vielen unserer Hauskatzen ist aufgrund der Domestizierung und dem daraus resultierenden „Stehenbleiben" im Jugendstadium die Tötungshandlung nur unvollkommen oder gar nicht mehr vorhanden. Bringt eine Katze eine Maus nach Hause, tötet sie aber nicht, kann das also zwei Gründe haben: Entweder hat die Katze Angst vor der Maus, zum Beispiel weil sie bereits entsprechende Erfahrungen gemacht hat und einmal schmerzlich in die Nase gezwickt wurde. Oder aber die Tötungshandlung ist nicht ausgereift. Die Katze handelt also wie ein Welpe. Und das kann durchaus so bleiben. Wie auch immer: Egal, was unsere Katzen heimbringen, ob Totes oder Lebendiges, Felliges, Glitschiges oder Gefiedertes – wir sollten die Katze loben. Und mindestens so tun, als hätten wir eine Riesenfreude. Aus der Sicht der Katze sind es Geschenke für ihren geliebten Menschen!

Damit beide Seiten Spaß am Spiel haben, sollte der Mensch die Vorlieben seiner Katze kennen.
(Foto: Schanz)

Spielen soll Spaß machen!

Woran erkennt man, dass Katzen miteinander spielen und nicht ernsthaft raufen? Bezeichnend für das Spielen ist, dass der Bezug fehlt: Es geht um nichts. Ganz entscheidend ist auch, dass die Spielrollen zum Beispiel zwischen Jäger und Gejagtem ständig wechseln und Verhaltensweisen aus allen möglichen Funktionskreisen kreuz und quer vermischt werden. Be- obachtet man aber als Katzenhalter, dass immer die gleiche Katze „der Jäger" und stets die andere Katze „das Opfer", die Gejagte ist, dann kann man davon ausgehen, dass es sich um eine Auseinandersetzung, nicht aber um Spiel handelt.

Was das Spiel zwischen Mensch und Katze betrifft, höre ich oftmals Klagen wie: „Meine Katze spielt nicht. Es läuft immer alles auf Jagen und Beißen hinaus." Andere Katzenhalter erzählen:

„Meine Katze schaut nur zu, wenn ich mit ihr spielen will, und macht gar nicht mit." Solch ein Verhalten kann mehrere Gründe haben. Katzen kauern als Ansitzjäger gespannt da und beobachten, was die potenzielle Beute (oder eben das Spielzeug) macht, wie es sich verhält und wann der richtige Zeitpunkt gekommen ist, um einen Angriff zu wagen. „Zuschauen" ist ein üblicher Bestandteil des Spiels beziehungsweise der Jagd. Nur verlieren manche Menschen zu schnell die Geduld und beenden das Spiel, bevor die Katze eigentlich aktiv mitzuspielen begonnen hat.

Möglicherweise ist aber das Spielzeug auch zu groß und erscheint der Katze zu gefährlich. Sie wird dann misstrauisch dasitzen und die Situation beobachten. Bezeichnend für Angst vor dem Spielzeug ist es, wenn die Katze des Öfteren in der Gegend herumschaut. Sie wendet ihren Blick ab, um „nicht zu provozieren" und die Situation zu entschärfen.

Ein weiterer Grund, warum eine gesunde Katze nicht mitspielt, ist häufig die Art des menschlichen Spiels. Um ein Spiel zu initiieren, das dem Tier wirklich Freude bereitet, müssen wir wissen, was die natürlichen Auslöser sind, die Jagdverhalten bei der Katze in Gang setzen. Denn die Fellmaus oder der Federbüschel sollen ja die Beute darstellen, die es zu „erspielen" gilt. Zunächst einmal sind es kratzende, scharrende, raschelnde Geräusche, die die Katze zunächst auf „Mitlebewesen" aufmerksam machen und sie zur Suche veranlassen. Damit die Antriebe des Anschleichens, Belauerns und Verfolgens in Aktion kommen, muss sich dieses Etwas schnell am Boden bewegen. Es darf nicht

Aufhorchen, Anpirschen,
Attacke!

Das ist unsere Welt! Gut, die erwachsenen Katzen überlegen einfach mehr, bevor sie durchstarten. Sie beurteilen die Situation erst einmal nach möglichem Erfolg und Misserfolg. Finde ich als junger, knuspriger Kater eigentlich recht langweilig! Warum nicht einfach drauflos? Wer nicht wagt, der nicht gewinnt. Und Übung macht den Meister.

zu groß sein und sollte sich seitlich oder gerade von der Katze wegbewegen. Denn echte Beute flüchtet, versteckt sich, rennt davon, schlägt Haken, versucht zu entkommen. Beute rennt ihrem Jäger nicht in die Arme und tanzt aufdringlich auf ihm herum. Ich sehe immer wieder, dass manche Halter die Katze mit dem Spielzeug „belästigen" und nahezu bedrängen. Schade, denn für jede Katze ist das schönste Spiel das, an dem der Mensch beteiligt ist.

Gerade für Katzen in reiner Wohnungshaltung ist Spielen für die körperliche und seelische Gesundheit unwahrscheinlich wichtig. Besitzer sollten sich täglich Zeit nehmen – übrigens auch, wenn man mehrere Katzen hat! Es kann ruhig

Die Katze ist und bleibt ein Raubtier – doch fängt sie vor allem schwache oder kranke Vögel.
(Foto: Fotonatur.de/Morsch)

auch einmal wild und rasant zugehen. Ist die Katze anschließend müde und lässt sich fallen wie Pinocchio, dem man die Fäden durchgeschnitten hat, schadet das gar nichts, solange das Tier keine Angst bekommt oder überfordert wird. Einmal am Tag redlich „groggy" zu werden – schöner kann es eine Wohnungskatze, der die Möglichkeit fehlt, Mäuse oder Vögel anzupirschen, gar nicht haben!

Vorsicht, Spielfalle!

Es ist sehr gefährlich, eine Katze allein mit einer Schnur oder Kordel spielen zu lassen. Aufgrund der Beschaffenheit ihrer Zunge kann sie Dinge mit rauer Oberfläche nicht ausspucken. Schluckt sie ein kleines Beutetier ganz und unzerteilt ab, „prüft" sie zunächst, indem sie mit ihren Schnauzhaaren über die Beute hinwegstreicht, den Strich des Fells oder der Federn, damit sie nicht Gefahr läuft, daran zu ersticken. Die Zunge ist mit Hornpapillen versehen. Sie dienen dem zügigen Abschlucken der Beute. Ist ein raues Material erst einmal mit der Zunge aufgenommen, kann die Katze es nicht wieder ausspucken, sondern es wandert Richtung Hals und kann Erstickungsunfälle und Darmverschlingungen verursachen. Viel besser eignen sich daher lederne Schnürsenkel zum vergnüglichen, gefahrlosen Spiel.

erwischt jede Katze im Laufe ihres Freigängerlebens den einen oder anderen Vogel. Fakt ist aber, dass vorwiegend alte, schwache oder kranke Vögel oder sehr junge Nestlinge der Katze zum Opfer fallen.

Wie bereits erwähnt, ist der auslösende Reiz, der die Katze auf Beutetiere aufmerksam macht, ein scharrendes, kratzendes oder knisterndes Geräusch, das sowohl Vögel als auch Mäuse und Eichhörnchen verursachen. Die Katze hört dies, lauscht auf, sucht die Geräuschquelle und belauert und beschleicht „den Urheber". Dies wird von erbosten Vogelfreunden beobachtet und veranlasst sie dazu, einzuschreiten, indem sie den bösen Jäger verscheuchen. Schade eigentlich. Würde man nämlich einmal weiter beobachten, so würde klar: Der Schein trügt. Nach der Ortung der Beute jagt die Katze nämlich mit den Augen. Sie beobachtet ihre Beute und wartet einen passenden Moment ab, um sie zu fassen zu kriegen. Doch gerade Singvögel sind sehr lebhaft, schnell und temperamentvoll. Bereits nach kürzester Zeit wird es der Katze als Augen- und Ansitzjägerin viel zu mühsam, diesen quirligen Vogel zu observieren. Jeder, der sich einmal die Zeit genommen hat, diesem Spiel zuzuschauen, wird bestätigen: Die meisten Katzen trotten bald entnervt davon, während sie von Amsel- oder Rotkehlcheneltern alarmiert schreiend verfolgt werden.

Salas Schlusswort

Hallo, Sie Mensch! Haben Sie denn verstanden, dass wir Katzen einzigartig sind?

Wir lassen Sie eine Welt erleben, die nicht die Ihre ist. Wir Katzen sind Mystik, hingebungsvolle Liebe und Unnahbarkeit zugleich. Geht ein Mensch mit einem Hund einen Bund ein, so scheint das Verhältnis im Laufe der Jahre einer Ehe zu ähneln. Beide Seiten sind sich einander sicher. Aus der ersten Verliebtheit wird Einklang, Verbundenheit, ein stilles einander Lieben und Vertrauen. Ganz anders ergeht es Ihnen mit uns Katzen. Wir werden in Ihrem Leben stets die Geliebte bleiben. Wir werden Ihnen nie ganz gehören. Uns wird immer ein Hauch von Unerreichbarkeit umgeben. Wir beherrschen die Kunst, immer dann zu gehen, wenn es am schönsten ist, in vollendeter Perfektion.

Wir Katzen sind zerrissen zwischen unserem unendlichen Freiheitsdrang, unserer Individualität und unserem großen Wunsch, mit unseren Menschen zu leben.

Wir machen nicht alles so, wie Sie es gern von uns hätten. Aber alles, was wir tun, machen wir freiwillig und mit absoluter Intensität und Hingabe. Menschen, die uns Katzen helfen, diese heikle Gratwanderung zwischen Verbundenheit und Eigenständigkeit jeden Tag aufs Neue zu gehen, können sich unserer Treue gewiss sein. Alles Gute für Sie, Sie freundlicher Dosenöffner, und für Ihre Samtpfoten.

Herzlich Ihr Sala